UE ECN+ Guide Pratique

VG Editions

Collection dirigée par L.LE

SCORES, CALCULS & CLASSIFICATIONS

Editions Vernazobres-Grego
99 bd de l'Hôpital
75013 PARIS - Tél. 01 44 24 13 61
www.vg-editions.com

janv 2015 - ISBN : 978-2-8183-1336-7

Repère

Sommaire général

MALADIES INFECTIEUSES — Chapitre 1

1 Vaccinations : bases immunologiques, indications, efficacité, complications.

CLASSIFICATION DES VACCINS

Type de vaccin	Virus	Bactériens
Vivants atténués	• Poliomyélite orale • ROR • Varicelle • Amaril • Rotavirus oral	• BCG
Inertes complets	• Poliomyélite inactivée • Rage • Encéphalites japonaises et à tique • Hépatite A	• Leptospirose • Coqueluche entier • Choléra
Inertes fractionnés	• Hépatite B • Grippe • Papillomavirus	• Anatoxines : – Tétanos – Diphtérie • Polysaccharides : – Méningocoque A Y C W135 – Pneumo 23 – Typhoïde • Conjugués : – Pneumo 7 – H. influenzæ b • Sous unités : – Coqueluche acellulaire

2 Angines et pharyngites de l'enfant et de l'adulte. (P)

SCORE DE MAC ISAAC
INDICATIONS DU TEST DIAGNOSTIQUE RAPIDE DU SBHA

Le test diagnostique rapide du SBHA est indiqué dans certains cas :

- Systématique chez l'enfant de plus de 3 ans avec une angine érythémateuse ou érythématopultacée
- Chez l'adulte si score de Mac Isaac ≥ 2 :
  - Fièvre > 38°C = 1
  - Absence de toux = 1
  - Adénopathies cervicales sensibles = 1
  - Atteinte amygdalienne = 1
  - Age :
    - 3 à 14 ans = 1
    - 15 à 44 ans = 0
    - > 45 ans = -1

3 Endocardite infectieuse.

ANTIBIOPROPHYLAXIE DE L'ENDOCARDITE INFECTIEUSE CHEZ LES PATIENTS A RISQUE

	Gestes buccodentaires à risque	Gestes buccodentaires non à risque	Nécessité d'une anesthésie générale
Patients du groupe A	Amoxicilline 3 g *PO* une heure avant	Rien	Amoxicilline 2 g IV une heure avant puis 1g *PO* 6h après
Patients du groupe B	Optionnelle : amoxicilline 3 g *PO* une heure avant	Rien	
Allergie aux β-lactamines	Clindamycine ou pristinamycine	Rien	Vancomycine 1 g IV une heure avant

4 Maladies sexuellement transmissibles : gonocoque, chlamydiose, syphilis.

SEROLOGIE SYPHILITIQUE

Sérologies	Clinique
TPHA- / VDRL-	• Absence de contact avec la syphilis • Syphilis précoce < 8 jours : recherche de FTA-abs • Syphilis traitée précocement et guérie
TPHA+ / VDRL-	• Syphilis (trépanomatose) précoce < 15 jours • Syphilis (trépanomatose) guérie > 1 an
TPHA+ / VDRL+	• Syphilis (trépanomatose) active traitée ou non
TPHA- / VDRL+	• « Dissociation syphilitique » : lupus, syndrome des anti-phospholipides, infection à mycoplasme ou borréliose, hépatopathie (cirrhose),

- **FTA-abs** : premier à se positiver, avant J10 (= immunofluorescence indirecte, spécifique)
- **TPHA** : positif entre J7 et J10 (spécifique)
- **VDRL** : positif entre J10 et J15 (non spécifique)

5 Paludisme.

CHIMIORESISTANCE PALUDISME

La chimiorésistance se définit en 3 groupes de pays :

- **Groupe 1** : pas de chloroquininorésistance
- **Groupe 2** : chloroquininorésistance
- **Groupe 3** : chloroquininorésistance et multirésistance

CLASSIFICATION DES ACCES PALUSTRES

Type	Clinique
Accès palustre simple	• Cas de la primo-invasion • Forme habituelle du voyageur non immun • Syndrome pseudo grippal associé à un syndrome algique : fièvre, céphalées, myalgies, arthralgies • Troubles digestifs : diarrhées, douleurs abdominales, nausées, vomissements • Pas de splénomégalie • En l'absence de traitement, évolution vers des accès périodiques, une forme grave, une forme viscérale évolutive
Accès périodiques	• Trois phases : – Malaise, frissons, sensation de froid – Fièvre : 39-40°C – Sueurs, polyurie, diminution de la fièvre – +/- Evolution possible vers une forme grave • Types : – Toutes les 48h pour P. falciparum, vivax et ovale : fièvre tierce – Toutes les 72h pour P. malariæ : fièvre quarte
Accès palustre grave, compliqué ou accès pernicieux	• Défaillance neurologique : – Neuropaludisme : coma (Glasgow < 11), confusion, obnubilation, prostration, somnolence constituant un tableau d'encéphalopathie aiguë – Convulsions répétées : au moins 2 par 24 h • Défaillance respiratoire : PaO_2 < 60 mmHg, SpO_2 < 90%, FR > 32, PaO_2/FiO_2 < 300 mmHg, images radiologiques • Défaillance cardio-circulatoire : PAS < 80 mmHg, nécessité de drogues vaso-actives, insuffisance circulatoire périphérique • Hémorragie, saignements spontanés, ictère, hémoglobinurie macroscopique
Paludisme viscéral évolutif	• Forme chronique, secondaire à des infestations répétées ou une prophylaxie ou traitements insuffisants • AEG, splénomégalie avec risque d'infarctus splénique, anémie • Frottis et goutte épaisse rarement positifs : diagnostic sérologique

6 Parasitoses digestives.

CRITERES DU SYNDROME DE LÖFFLER

- Dans le cas de l'ascaridiose
- Le syndrome de Löffler lors de la migration larvaire comprend comme critères :
  - Fébricule : 38°
  - Toux vespérale
  - Infiltrat labile et mal limité à la radio de thorax
  - Hyperéosinophilie

7 Pathologies d'inoculation.

CLASSIFICATION PAR PHASE DE LA MALADIE DE LYME

Phase	Durée	Cliniques
Primaire	< 1 mois	• Erythème migrant : lésion maculo-papuleuse érythémateuse centrée sur la piqûre de tique, d'extension centrifuge, indolore, sans prurit, diamètre de 15 cm environ • Signes généraux: syndrome pseudo-grippal : céphalées, fièvre, rash, asthénie, myalgie, arthralgie, adénopathies loco-régionales
Secondaire	Quelques semaines à quelques mois	• Atteinte cardiaque : myocardite, péricardite, trouble du rythme ou de la conduction • Atteinte neurologique : méningite lymphocytaire, méningo-encéphalite, radiculite, polyradiculonévrite • Atteinte articulaire : mono ou oligoarthrite • Atteinte cutanée : lymphocytome cutané bénin du lobule de l'oreille
Tertiaire	Quelques mois à quelques années	• Atteinte neurologique : polyneuropathie axonale chronique • Atteinte articulaire : mono ou oligoarthrite • Atteinte cutanée : acrodermite chronique atrophiante • Syndrome « post-Lyme » : asthénie, symptomatologie polyalgique, problèmes cognitifs

8 Prévention du tétanos.

CLASSIFICATION DU RISQUE DE TETANOS

PROPHYLAXIE ANTITETANIQUE - CONDUITE A TENIR EN CAS DE PLAIE

Définition des risques :

- Risque modéré : contusions, plaies minimes, faiblement contaminées…
- Risque élevé : plaies majeures, délabrements, pertes de substance, retard de prise en charge…

Risque	Vaccination incomplète, absente ou douteuse	Dernier rappel entre 5 et 10 ans	Dernier rappel > 10 ans
Risque modéré	Vaccination et/ou rappel	Rien	Rappel
Risque élevé	Vaccination et/ou rappel + Sérothérapie (Ig IM dans l'autre bras)	Rappel	Rappel + Sérothérapie (Ig IM dans l'autre bras)

En cas de risque élevé avec plaies fortement contaminées ou fractures ouvertes, rupture de capsule articulaire : toujours associer une antibioprophylaxie pendant 3 à 5 jours visant BGN et anaérobies

9 Septicémie.

CRITERES DE CLASSIFICATION

Type	Clinique
Septicémie ou bactériémie	• Présence de bactéries viables dans le sang • 2 hémocultures positives au même germe
SRIS : syndrome de réponse inflammatoire systémique	Au moins 2 des critères suivants : • Température > 38,3°C ou < 36°C • Pouls > 90 /min • FR > 20/min, PaCO2 < 32 mmHg • Glycémie > 7,7 mmol/L • Leucocytes > 12.000 ou < 4.000/mm3 ou > 10% de formes immatures • Altération des fonctions supérieures • Temps de recoloration cutanée > 2 sec • Lactatémie > 2 mmol/L
Sepsis	• SRIS + infection présumée ou identifiée
Sepsis sévère	Sepsis + un des critères suivants : • Lactates > 4 mmol/l • Hypotension artérielle avant remplissage • Une dysfonction d'organe au moins : - Respiratoire : PaO2/FiO2 < 300 - Rénale : créatinine > 176 µmol/L - Hépatique : INR > 4, bilirubine > 78 µmol/L - Coagulation : INR > 1,5 - Thrombopénie < 105.000 - Neurologique : Glasgow < 13
Choc septique	• Sepsis sévère + hypotension (< 90 mmHg ou diminution de plus de 40 mmHg) persistante malgré un remplissage adapté ou nécessité de drogues vasoactives

FACTEURS PREDICTIFS D'EVOLUTION VERS UN SEPSIS GRAVE

- **Facteurs prédictifs d'évolution vers un sepsis grave (au moins 2)** :
  - Température > 38,2°C
  - FR ≥ 30/min
  - FC ≥ 120/min
  - PAS < 110 mmHg

10 Voyage en pays tropical : conseils avant le départ, pathologies du retour : fièvre, diarrhée.

CLASSIFICATION PAR PHASE DE LA FIEVRE TYPHOIDE

Phase	Durée	Cliniques
Phase d'invasion	**Premier septénaire**	• Fièvre 40° avec pouls dissocié • Insomnie, asthénie • Céphalées frontales • Douleurs abdominales, plutôt constipation, FID gargouillante, anorexie • Epistaxis • Vertiges
Phase d'état	**Deuxième septénaire**	• Plateau fébrile à 40°C avec pouls dissocié • Tuphos : somnolence, prostration, obnubilation, inversion du cycle nycthéméral • Diarrhée jus de melon, douleurs abdominales, FID gargouillante • Splénomégalie • Macules rosées au tronc • Angine de Duguet : ulcérations des piliers antérieurs du voile

11 Fièvre aiguë chez l'enfant et chez l'adulte. Critères de gravité.

CRITERES DE GRAVITE D'UNE FIEVRE

- Choc septique et tout signe de sepsis grave
- Terrain : âges extrêmes, immunodépression, splénectomisés, grossesse
- Attention : toute fièvre du nouveau-né est une infection materno-fœtale jusqu'à preuve du contraire et doit être prise en charge comme telle
- Hémodynamiques : déshydratation, FC > 120/min, PAS < 100 mmHg, oligo-anurie
- Respiratoires : FR > 24/min, signes de lutte
- Neurologiques : troubles de la conscience, de la vigilance

12 Piqûres et morsures. Prévention de la rage.

CLASSIFICATION DES CONTACTS AVEC UN ANIMAL
CONDUITE A TENIR APRES UNE MORSURE

Catégorie	Gravité du contact	Sérothérapie et vaccination curative antirabique
I	Léchage sur peau saine, alimentation de l'animal	Rien si l'interrogatoire est fiable
II	Peau mordillée, griffures superficielles, excoriations, léchage sur peau érodée	Vaccination, à arrêter si animal sain après 10 jours d'observation ou recherche de virus négative sur sa tête (institut pasteur) si ce dernier est mort
III	Morsures, griffures profondes, contaminations muqueuses	Immunoglobulines + vaccination, à arrêter si animal sain après 10 jours d'observation ou recherche de virus négative sur sa tête

Notes personnelles

MEDECINE INTERNE Chapitre 2

1 Allergies et hypersensibilités de l'enfant et de l'adulte.

CLASSIFICATION DE GELL ET COOMBS

- Réaction immunologique dépendante des IgE :
  - I : hypersensibilité immédiate
  - II : hypersensibilité par cytotoxicité
  - III : hypersensibilité par complexes immuns
  - IV : hypersensibilité retardée

Type	Mécanisme	Pathologies
I	Hypersensibilité immédiate (anaphylaxie) : • Sensibilisation : réaction IgE médiée après contact avec un allergène • Réaction allergique : activation des mastocytes et basophiles avec libération par dégranulation d'histamine et trypsine entrainant vasodilatation (érythème et congestion muqueuse) et bronchoconstriction (crise d'asthme)	• Rhinite allergique • Asthme atopique • Conjonctivite allergique • Urticaire • Oedème de Quincke • Choc anaphylactique
II	Hypersensibilité par cytotoxicité : • Production d'IgG et IgM fixant un médicament • Activation du complément et inflammation	• Cytopénies médicamenteuses • Hémolyse auto-immune
III	Hypersensibilité par complexes immuns : • Formation de complexes antigène-anticorps • Activation du complément et inflammation	• Pneumopathie d'hypersensibilité aiguë • Néphropathies allergiques
IV	Hypersensibilité retardée : • Médiée par les lymphocytes T • Production de cytokines et cytotoxicité directe	• Pneumopathie d'hypersensibilité chronique • Eczéma de contact

2 Allergies cutanéo-muqueuses chez l'enfant et chez l'adulte.

CRITERES DIAGNOSTIQUES DERMATITE ATOPIQUE

- Le diagnostic est posé s'il existe : 3 critères majeurs + 3 critères mineurs
  - Critères majeurs :
    - Antécédent d'atopie personnelle ou familiale
    - Début < 2 ans
    - Xérose cutanée
    - Lésion typique : érythémato-vésiculo-suintante croûteuse +/- lichénifiée
    - Topographie typique : atteinte symétrique des zones de convexité (joues) chez l'enfant ou plis de flexion (coudes, face antérieure des chevilles, creux poplités) avec lichénification chez l'adulte
    - Signe associé : prurit avec lésions de grattage (excoriations, stries linéaires) entraînant des troubles du sommeil, voire des retards de croissance et du développement psychomoteur
  - Critères mineurs :
    - Double repli palpébral inférieur (signe de Dennie-Morgan)
    - Pâleur de la face/hyperpigmentation péri-orbitaire
    - Eczématides achromiantes
    - Dermographisme blanc
    - Kératose pilaire

3 Allergies respiratoires chez l'enfant et chez l'adulte.

CLASSIFICATION OMS DES RHINITES ALLERGIQUES

Rhinite intermittente	Rhinite persistante
• Symptômes < 4 jours/semaine • Ou symptômes < 4 semaines consécutives	• Symptômes > 4 jours/semaine • Ou symptômes > 4 semaines consécutives

4 Lupus érythémateux disséminé. Syndrome des anti-phospholipides.

CRITERES DIAGNOSTIQUES DU LUPUS
CLASSIFICATION ACR DU LES (1997) OU CRITERES DE L'ARA (1982)

Diagnostic de lupus si ≥ 4 critères :

- **Eruption malaire** en ailes de papillon ou rash malaire ou vespertilio
- **Eruption du lupus discoïde**
- **Photosensibilité**
- **Ulcérations buccales ou nasopharyngées**
- **Arthrite** non érosive touchant ≥ 2 articulations
- Pleurésie ou péricardite
- **Protéinurie > 0,5 g/24 h** ou cylindres urinaires
- **Convulsions ou psychose**
- **Atteinte hématologique**
  - Anémie hémolytique ou leucopénie (< 4.000/mm³) à 2 reprises
  - Ou lymphopénie (< 1.500/mm³) à 2 reprises
  - Ou thrombopénie (< 100.000/mm³)
- **Désordre immunologique** : présence d'anticorps anti-ADN natif ou d'anti-Sm ou d'antiphospholipides
  - **Anti-ADN natif positif** à un taux anormal
  - Ou présence **d'anticorps anti-Sm**
  - Ou titre anormal d'anticorps anticardiolipines IgG ou IgM
  - Ou présence d'une antiprothrombinase
  - Ou fausse sérologie syphilitique positive connue depuis ≥ 6 mois (VDRL+, TPHA-)
- Présence de **facteurs antinucléaires** à un titre anormal en l'absence de médicament inducteur :
  - Titre anormal d'anticorps antinucléaires en immunofluorescence
  - Ou technique équivalente à n'importe quel moment de l'évolution, en l'absence de médicament inducteur de lupus
- Hypocomplémentémie : dosage CH50, C3, C4

CLASSIFICATION DE LA NEPHROPATHIE LUPIQUE

Type	Mécanisme
I	Glomérule normal en MO et IF, ou LGM
II	Glomérulonéphrite mésangiale pure
III	Glomérulonéphrite proliférative segmentaire et focale
IV	Glomérulonéphrite proliférative diffuse
V	Glomérulonéphrite extra-membraneuse
VI	Sclérose glomérulaire

CRITERES DIAGNOSTIQUES DU SYNDROME DES ANTI-PHOSPHOLIPIDES CLASSIFICATION DE SYDNEY 2006

Diagnostic de lupus si 1 critère clinique + 1 critère biologique

Critère	Détail
Majeur clinique	• **Thrombose vasculaire veineuse ou artérielle** • **Morbidité gravidique ou accidents obstétricaux :** - ≥ 3 avortements spontanés < 10 SA consécutives inexpliquées - ≥ 1 MFIU ≥ 10 SA inexpliquées - ≥ 1 naissance prématurée < 34 SA liées à une pré-éclampsie ou 1 insuffisance placentaire sévère
Majeur biologique	Anomalies persistant pendant une durée **≥ 12 semaines (3 mois), retrouvées à au moins 2 occasions**
	• **Anticoagulant lupique** (= antiprothrombinase) : - Allongement du TCA non corrigé par le mélange avec le plasma témoin - Correction par adjonction d'un excès de phospholipides • **Anticorps anticardiolipine** IgG ou IgM à titre moyen ou élevé (> 40 GPL) en ELISA • **Anti-β2-glycoprotéine 1** IgG ou IgM > 99ème percentile
Mineur biologique	**Sérologie syphyllitique dissociée** (faux VDRL positif)

CRITERES DIAGNOSTIQUES DU SYNDROME CATASTROPHIQUE DES ANTI-PHOSPHOLIPIDES

Diagnostic :
- Implication ≥ 3 organes : atteinte multi-viscérale
- Manifestations simultanées ou en moins d'une semaine :
- Confirmation histologique de l'occlusion des petits vaisseaux
- Présence biologique d'antiphospholipides

5 Maladie de Crohn et Rectocolite hémorragique.

INDICE DE BEST (CROHN DISEASE ACTIVITY INDEX)

- Evaluation de l'activité de la maladie de Crohn
- Recueil sur 7 jours :
  - Nombre de selles
  - Douleurs abdominales
  - Bien-être général
  - Manifestations extra-digestives
  - Consommation d'anti-diarrhéiques
  - Masse abdominale
  - Variation de poids
  - Hématocrite

CLASSIFICATION DE TRUELOVE ET WITTS

Evaluation de l'activité de la Rectocolite hémorragique:
- Nombre de selles par jour (≥ 6 selles/jour)
- Température vespérale (≥ 37,8°C sur 2 jours ou ≥ 37,5°C sur 4 jours)
- Rythme cardiaque (≥ 90/min)
- Hémoglobine (≤ 10,5 g/dL)
- VS à la première heure (≥ 30 mm)

6 Maladie de Horton et pseudo-polyarthrite rhizomélique (PPR).

CRITERES DIAGNOSTIQUES MALADIE DE HORTON (ACR)

- Ces critères sont plutôt des critères de classification dans les études que des critères diagnostiques
- **3 critères / 5 = diagnostic de Horton :**
  - **Age** > 50 ans
  - **Céphalée** localisée récente (ou modification récente d'une céphalée ancienne
  - **Artère temporale** anormale (douleurs, pulsations abolies ou faibles)
  - **VS** > 50 mm à H1
  - **BAT anormale** (vascularite nécrosante avec infiltrat cellulaire à prédominance mononucléée ou granulome inflammatoire avec cellules géantes

7 Polyarthrite rhumatoïde.

CRITERES DIAGNOSTIQUES POLYARTHRITE RHUMATOÏDE (ACR)

- **4 critères / 7 = diagnostic de polyarthrite rhumatoïde :**
  - Raideur articulaire matinale > 1 h, pendant ≥ 6 semaines
  - Gonflement des parties molles de 3 articulations en même temps, pendant ≥ 6 semaines
  - Gonflement d'au moins 1 articulation des mains (poignets, MCP, IPP) pendant ≥ 6 semaines
  - Atteinte bilatérale et symétriq Radiographies : atteinte typique des mains et des poignets (érosions, déminéralisation)
  - Nodules rhumatoïdes
  - Sérologie : FR

CRITERES PRONOSTIQUES POLYARTHRITE RHUMATOÏDE

- **Facteurs pronostiques (HAS 2008) :**
  - Nombre d'articulations douloureuses (**NAD**) et gonflées (**NAG**)
  - **Intensité du syndrome inflammatoire** (VS, CRP)
  - **Présence de facteur rhumatoïde**
  - **Présence d'anticorps anti-CCP**
  - Présence d'**érosions** en imagerie
  - Score du **DAS 28 > 3,2**
  - Score **HAQ ≥ 0,5**

- Autres facteurs pronostiques :
  - Début aigu polyarticulaire
  - Existence d'**atteinte extra-articulaire**
  - Terrain génétique particulier avec présence de l'antigène HLA DR 04
  - **Mauvaise réponse au traitement de fond** (persistance de synovite à 3 mois sous traitement)
  - Statut socio-économique défavorisé

STADIFICATION DU POLYRADICULONEVRITE AIGUE INFLAMMATOIRE

Phase	Détails
Phase d'extension	• Durée < 4 semaines • Début aux **membres inférieurs** • Prédominance des **signes sensitifs** symétriques : paresthésies, douleurs neuropathiques, ataxie proprioceptive • **Abolition des réflexes ostéo-tendineux** aux membres inférieurs • Puis apparition d'un **déficit moteur** symétrique • **Evolution ascendante** progressive
Phase de plateau	• Durée variable (facteur pronostique) • Arrêt de l'extension des déficits • Déficit moteur flasque diffus des 4 membres et du tronc • **Atteinte bulbaire possible :** nerfs crâniens (diplégie faciale, troubles de déglutition), atteinte respiratoire • Troubles sensitifs profonds diffus, douleurs neuropathiques • **Syndrome dysautonomique :** - Instabilité tensionnelle - Bradycardie/tachycardie - Hypersécrétion bronchique
Phase de récupération	• Durée : plusieurs semaines • Progressive dans l'ordre inverse d'installation

9 Sarcoïdose.

STADIFICATION RADIOLOGIQUE DE L'ATTEINTE MEDIASTINO-PULMONAIRE

Stades	Atteinte médiastino-pulmonaire	Fréquence	Guérison
0	Radiographie thoracique normale	10%	-
I	Adénopathies médiastinales isolées : Hilaires, symétriques, non compressives	50%	80%
II	Association : Adénopathies + syndrome interstitiel	15%	60%
III	Opacités interstitielles diffuses isolées: Sans adénopathies ni fibrose	20%	30%

10 Sclérose en plaques.

MODES EVOLUTIFS

Mode évolutif	Détail
Rémittente	• Evolution par poussées alternant avec des phases de rémission • 85% des cas au début
Progressive primaire	• Aggravation progressive du handicap d'emblée, sans rémission • 15% des cas au début
Progressive secondaire	• Aggravation progressive du handicap après une évolution rémittente initiale

11 Immunoglobuline monoclonale.

CLASSIFICATION DES IMMUNOGLOBULINES MONOCLONALES

- Une immunoglobuline monoclonale signe la présence dans l'organisme d'un **clone** de cellule lymphoïde B.
- Une immunoglobuline est composée d'une **chaîne lourde** (M, G, A, D ou E) et d'une **chaîne légère** (kappa (κ) ou lambda (λ)).
- Physiologiquement la proportion est κ : 2/3 et λ : 1/3

CLASSIFICATION DES CRYOGLOBULINES

- Ig qui précipitent au froid (< 37°C)
- Trois types de cryoglobulines

Type	Détail
I	• IgM monoclonale (Waldenström)
II	• IgM monoclonale+ IgG polyclonale (hémopathie et VHC)
III	• Ig ploycionales (origine auto-immune ou infectieuse)

12 Transplantation d'organes : aspects épidémiologiques et immunologiques ; principes de ttt et surveillance ; complications et pronostic.

INDICATIONS DE LA TRANSPLANTATION HEPATIQUE CRITERES DE MILAN

Hépatites virales

- Hépatite fulminante
- Cirrhose décompensée

Cirrhose :

- Child-Pugh C
- Carcinome hépato-cellulaire

Carcinome hépato-cellulaire :

- **Critères de Milan :**
  - **Tumeur unique < 5 cm**
  - **2 à 3 nodules < 3 cm**

Notes personnelles

ORL -STOMATOLOGIE

Chapitre 3

1 Angines et pharyngites de l'enfant et de l'adulte. (P)

SCORE DE MAC ISAAC
INDICATIONS DU TEST DIAGNOSTIQUE RAPIDE DU SBHA

Le test diagnostique rapide du SBHA est indiqué dans certains cas :

- Systématique chez l'enfant de plus de 3 ans avec une angine érythémateuse ou érythématopultacée
- Chez l'adulte si score de Mac Isaac ≥ 2 :
  - Fièvre > 38°C = 1
  - Absence de toux = 1
  - Adénopathies cervicales sensibles = 1
  - Atteinte amygdalienne = 1
  - Age :
    - 3 à 14 ans = 1
    - 15 à 44 ans = 0
    - > 45 ans = -1

2 Tumeurs de la cavité buccale et des voies aéro-digestives supérieures.

CLASSIFICATION TNM

	Tumeur		
	Oropharynx	**Hypopharynx**	**Larynx-plan glottique**
Tis	Carcinome *in situ*	Carcinome *in situ*	Carcinome *in situ*
T1	Tumeur ≤ 2 cm	Tumeur limitée à une zone de l'hypopharynx ≤ 2 cm	1 corde vocale 2 cordes vocales
T2	2 < Tumeur ≤ 4 cm	Tumeur envahissant plus d'une zone de l'hypopharynx ou 2 < T ≤ 4 cm	Diminution de la mobilité de la corde vocale ou extension au fond du ventricule
T3	Tumeur > 4 cm	T > 4 cm ou hémilarynx bloqué	Hémilarynx bloqué
T4	Tumeur envahissant les structures adjacentes (os, peau, muscle…)	Tumeur envahissant les structures adjacentes (cartilage cricoïde, muscles, parties molles, fascias…)	Tumeur débordant le larynx
	Adénopathies		
N0	Absence d'adénopathie		
N1	Adénopathie, unique, homolatérale ≤ 3 cm		
N2a	Adénopathie unique, homolatérale entre 3 et 6 cm		
N2b	Adénopathies multiples, homolatérales < 6 cm		
N2c	Adénopathies bilatérales ou controlatérales< 6 cm		
N3	Adénopathie > 6 cm		
	Métastases		
M0	Absence de métastase		
M1	Métastase à distance		

3 Evaluation de la gravité et recherche de complications précoces : brûlé, polytraumatisé, trauma crânio-facial, trauma abdo, trauma des membres...

DISJONCTIONS CRANIO-FACIALES : LEFORT

Type	Détail
I	• Trait de fracture horizontale au niveau du plancher nasal
II	• Trait de fracture médio-facial épargnant le malaire
III	• Trait de fracture séparant tout le massif facial de la base du crâne

Notes personnelles

DERMATOLOGIE

Chapitre 4

1 Complications de l'immobilité et du décubitus : prévention et prise en charge.

STADIFICATION DES ESCARRES

Stades	Intitulés	Cliniques	Traitements
0	Menace d'escarre	Facteurs de risques d'escarres Erythème blanchissant à la pression digitale	Mesures préventives et surveillance
I	Erythème	Erythème persistant Pas de blanchissement à la pression digitale	Pansement hydrocolloïde
II	Désépidermisation	Perte d'une partie de l'épaisseur qui touche l'épiderme +/- le derme. L'escarre est superficielle : • Abrasion • Phlyctène • Ulcération superficielle	Incision des phlyctènes, désinfection puis cicatrisation dirigée (pansements hydrocolloïdes ou hydrocellulaires)
III	Ulcération marquée	Ulcération profonde avec altération ou nécrose du tissu sous cutané + /- jusqu'au fascia, mais pas au-delà	Cicatrisation dirigée sous analgésie efficace : • Détersion mécanique (curette) ou chimique : éliminer dépôts fibrineux • Pansement favorisant les phases de bourgeonnement et d'épidermisation
IV	Ulcération profonde	Perte de toute l'épaisseur de la peau, au-delà des fascias, avec atteinte des muscles, des os, des tendons ou des articulations	

SEROLOGIE SYPHILITIQUE

Sérologies	Clinique
TPHA- / VDRL-	• Absence de contact avec la syphilis • Syphilis précoce < 8 jours : recherche de FTA-abs • Syphilis traitée précocement et guérie
TPHA+ / VDRL-	• Syphilis (trépanomatose) précoce < 15 jours • Syphilis (trépanomatose) guérie > 1 an
TPHA+ / VDRL+	• Syphilis (trépanomatose) active traitée ou non
TPHA- / VDRL+	• « Dissociation syphilitique » : lupus, syndrome des anti-phospholipides, infection à mycoplasme ou borréliose, hépatopathie (cirrhose),

- **FTA-abs** : premier à se positiver, avant J10 (= immunofluorescence indirecte, spécifique)
- **TPHA** : positif entre J7 et J10 (spécifique)
- **VDRL** : positif entre J10 et J15 (non spécifique)

3 Pathologies d'inoculation.

CLASSIFICATION PAR PHASE DE LA MALADIE DE LYME

Phase	Durée	Cliniques
Primaire	< 1 mois	• Erythème migrant : lésion maculo-papuleuse érythémateuse centrée sur la piqûre de tique, d'extension centrifuge, indolore, sans prurit, diamètre de 15 cm environ • Signes généraux: syndrome pseudo-grippal : céphalées, fièvre, rash, asthénie, myalgie, arthralgie, adénopathies loco-régionales
Secondaire	Quelques semaines à quelques mois	• Atteinte cardiaque : myocardite, péricardite, trouble du rythme ou de la conduction • Atteinte neurologique : méningite lymphocytaire, méningo-encéphalite, radiculite, polyradiculonévrite • Atteinte articulaire : mono ou oligoarthrite • Atteinte cutanée : lymphocytome cutané bénin du lobule de l'oreille
Tertiaire	Quelques mois à quelques années	• Atteinte neurologique : polyneuropathie axonale chronique • Atteinte articulaire : mono ou oligoarthrite • Atteinte cutanée : acrodermite chronique atrophiante • Syndrome « post-Lyme » : asthénie, symptomatologie polyalgique, problèmes cognitifs

CRITERES DIAGNOSTIQUES DERMATITE ATOPIQUE

- **Le diagnostic est posé s'il existe : 3 critères majeurs + 3 critères mineurs**
  - Critères majeurs :
    - **Antécédent d'atopie** personnelle ou familiale
    - Début < 2 ans
    - **Xérose cutanée**
    - Lésion typique : **érythémato-vésiculo-suintante croûteuse** + /- lichénifiée
    - Topographie typique : atteinte symétrique des **zones de convexité** (joues) chez l'enfant ou plis de flexion (coudes, face antérieure des chevilles, creux poplités) avec **lichénification** chez l'adulte
    - Signe associé : **prurit** avec lésions de grattage (excoriations, stries linéaires) entraînant des troubles du sommeil, voire des retards de croissance et du développement psychomoteur
  - Critères mineurs :
    - Double repli palpébral inférieur (signe de Dennie-Morgan)
    - Pâleur de la face/hyperpigmentation péri-orbitaire
    - Eczématides achromiantes
    - Dermographisme blanc
    - Kératose pilaire

5 Lupus érythémateux disséminé. Syndrome des anti-phospholipides.

CRITERES DIAGNOSTIQUES DU LUPUS

CLASSIFICATION ACR DU LES (1997) OU CRITERES DE L'ARA (1982)

Diagnostic de lupus si ≥ 4 critères :

- **Eruption malaire** en ailes de papillon ou rash malaire ou vespertilio
- **Eruption du lupus discoïde**
- **Photosensibilité**
- **Ulcérations buccales ou nasopharyngées**
- **Arthrite** non érosive touchant ≥ 2 articulations
- Pleurésie ou péricardite
- **Protéinurie > 0,5 g/24 h** ou cylindres urinaires
- **Convulsions ou psychose**
- **Atteinte hématologique**
  - Anémie hémolytique ou leucopénie (< 4.000/mm³) à 2 reprises
  - Ou lymphopénie (< 1.500/mm³) à 2 reprises
  - Ou thrombopénie (< 100.000/mm³)
- **Désordre immunologique** : présence d'anticorps anti-ADN natif ou d'anti-Sm ou d'antiphospholipides
  - **Anti-ADN natif positif** à un taux anormal
  - Ou présence **d'anticorps anti-Sm**
  - Ou titre anormal d'anticorps anticardiolipines IgG ou IgM
  - Ou présence d'une antiprothrombinase
  - Ou fausse sérologie syphilitique positive connue depuis ≥ 6 mois (VDRL+, TPHA-)
- Présence de **facteurs antinucléaires** à un titre anormal en l'absence de médicament inducteur :
  - Titre anormal d'anticorps antinucléaires en immunofluorescence
  - Ou technique équivalente à n'importe quel moment de l'évolution, en l'absence de médicament inducteur de lupus
- Hypocomplémentémie : dosage CH50, C3, C4

CLASSIFICATION DES PHOTOTYPES

- **Phototypes** clairs :
  - 0 : albinos
  - I : roux
  - II : blond

CRITERES CLINIQUES DU MELANOME : REGLE ABCDE

- Une lésion pigmentée en peau saine est suspecte s'il existe **plus de 2 caractéristiques selon la règle de l'abécédaire**

Règle	Détails
A	Asymétrie
B	Bords irréguliers, encochés, polycycliques
C	Couleur inhomogène
D	Diamètre ≥ 6 mm
E	Evolutivité : taille, couleur, épaisseur

CLASSIFICATION ANATOMOPATHOLOGIE : BRESLOW

- Epaisseur tumorale maximale
- Classification en fonction de l'épaisseur

Stades du Breslow	Epaisseur	Survie à 5 ans
0	In situ	> 95%
I	0,2 – 0,75 mm	95%
II	0,75 – 1,5 mm	90%
III	1,5 – 4 mm	70%
IV	> 4 mm	60%

CLASSIFICATION CARCINOME BASO-CELLULAIRE

Type	Détails
Superficiel	• Plaque rouge plane, bien limitée, à extension très lentement centrifuge avec squames et croûtes
Nodulaire	• Papule, nodule lisse translucide, grisâtre et télangiectasique = perle
Sclérodermiforme	• Plaque dure, brillante, mal limitée et déprimée qui ressemble à une cicatrice blanche pouvant être ulcéré

7 Prescription et surveillance des anti-inflammatoires stéroïdiens et non stéroïdiens.

CLASSIFICATION DERMOCORTICOIDES

Classes		DCI	Spécialités	Précautions
I	**Faible**	Hydrocortisone	Hydracort®	Peu utilisé en pratique
II	**Modéré**	Désonide	Locapred®	Possible sur le visage, les plis, et le siège du nourrisson
III	**Fort**	Bétaméthasone dipropionate	Diprosone®	Cure courte
IV	**Très fort**	Clobétasol propionate	Dermoval®	*Contre*-indiqué chez le nourrisson, surtout sur le visage, les plis, et le siège (granulome périnéo-fessier)

8 Evaluation de la gravité et recherche de complications précoces : brûlé, polytraumatisé, trauma crânio-facial, trauma abdo, trauma des membres...

REGLE DES 9 DE WALLACE
EVALUATION DE LA SURFACE CORPORELLE BRULEE

Type	Détails
Adulte	• 9% pour la tête • 9% pour chaque bras • 36% pour le tronc et l'abdomen (18% devant et 18% derrière) • 18% pour chaque membre inférieur • 1% pour les organes génitaux externes
Enfant	• 18% pour la tête • 9% pour chaque bras • 36% pour te tronc et l'abdomen, 18% devant et 18% derrière • 14% pour chaque membre inférieur • 1% pour les organes génitaux externes

Gravité :

- > 20% de surface corporelle chez l'adulte
- > 10% de surface corporelle chez l'enfant
- Pronostic vital engagé > 40% de surface corporelle brûlée

SCORE DE GRAVITE D'UN BRULE

- **Score UBS :**
  - % de surface brûlée + 3 x % brûlé au 3ème degré :
  - Evaluation :
    - × UBS = 50, brûlure sévère
    - × UBS ≥ 100, brûlure grave
    - × UBS ≥ 150, pronostic vital engagé

- **Indice de Baux modifié**
  - Surface brûlée totale + (nombre d'années > 50 ans) x 2 :
  - Evaluation :
    - × > 50 = grave
    - × > 100 = 10% de survivants

EVALUATION DU DEGRE D'UNE BRULURE

Degré	Aspect clinique	Atteinte histologique
1er degré	Erythème	Atteinte superficielle de la couche cornée, sans désépidermisation
2ème degré superficiel	**Phlyctènes**, exulcérations douloureuses	Désépidermisation, respect de la couche basale de Malpighi
2ème degré intermédiaire	**Peau pâle, hypoesthésie**	Légère : destruction partielle de la couche basale de Malpighi
	Peau pâle +/- **anesthésie**	Profonde : destruction totale de la couche basale de Malpighi, mais respect du derme
3ème degré	**Escarre noirâtre** Anesthésie totale	Destruction totale de l'épiderme et du derme

9 Dermatoses faciales : acné, rosacée, dermatite séborrhéique.

STADIFICATION DE LA ROSACEE

Stades	Détails
Vasculaire paroxystique	• Bouffées vaso-motrices ou « Flushes » du visage et du cou • Régression spontanée en quelques minutes • Facteurs déclenchant : alcool, changement de température, plats épicés • Evolution chronique par poussée
Vasculaire permanent	• Aspect identique mais permanent
Stade érythémato-télangiectasique	• Erythrose faciale permanente (joues, nez, menton, front) • Télangiectasies des joues et ailes du nez : « couperose »
Inflammatoire	• Papulo-pustule sur fond érythémateux • Stade tardif du rhinophyma : elephantiasis facial) : – Homme après 50 ans – Nez volumineux, rouge, orifices folliculaires dilatés, peau épaissie

10 Phénomène de Raynaud.

STADIFICATION DU SYNDROME DE RAYNAUD

Stades	Détails : aspect des extrémités
Ischémique syncopale	• Blanches • Froides • Insensibles
Asphyxique	• Bleues • Douloureuses
De récupération	• Rouges • Douloureuses

HEMATOLOGIE

Chapitre 5

1 Immunoglobuline monoclonale.

CLASSIFICATION DES IMMUNOGLOBULINES MONOCLONALES

- Une immunoglobuline monoclonale signe la présence dans l'organisme d'un **clone** de cellule lymphoïde B.
- Une immunoglobuline est composée d'une **chaîne lourde** (M, G, A, D ou E) et d'une **chaîne légère** (kappa (κ) ou lambda (λ)).
- Physiologiquement la proportion est κ : 2/3 et λ : 1/3

CLASSIFICATION DES CRYOGLOBULINES

- Ig qui précipitent au froid (< 37°C)
- Trois types de cryoglobulines

Type	Détail
I	• IgM monoclonale (Waldenström)
II	• IgM monoclonale+ IgG polyclonale (hémopathie et VHC)
III	• Ig ploycionales (origine auto-immune ou infectieuse)

2 Dysmyélopoïèse.

CLASSIFICATION OMS SIMPLIFIEE

Type	Détail
Anémie réfractaire	• < 5% de blastes au myélogramme
Anémie réfractaire avec excès de bastes	• Entre 5 et 20% de blastes : - AREB type I : 5 à 10% de blastes - AREB type II : 10 à 20% de blastes - Si > 20% de blastes, la myélodysplasie devient une leucémie aiguë
Anémie réfractaire sidéroblastique Idiopathique acquise	• > 15% de sidéroblastes en couronnes
Leucémie myélomonocytaire chronique	• Forme frontière entre une myélodysplasie et un syndrome myéloprolifératif
Syndrome 5q-	• Anémie, plaquettes normales ou thrombocytose, délétion du bras long du chromosome 5 (5q-) isolé au caryotype

SCORE PRONOSTIQUE - SCORE IPSS

- En fonction des paramètres suivants, un score est attribué :

Paramètres	Critères	Score
Blastes médullaires	< 5% 5-10% 11-20% 21-30%	0 0,5 1,5 2
Caryotype	Favorable : normal, 5q-, del20q, -Y Intermédiaire : toutes les autres anomalies Défavorable : -7, +8, anomalies complexes	0 0,5 1
Nombre de cytopénies : PN <1800/mm^3 Hb <10g/dL Plaquettes <100000/mm^3	0 ou 1 cytopénie 2 ou 3 cytopénies	0 0,5

- **Selon le nombre de points du patient, on définit** 4 groupes de risque :

Risque	Score total	Survie médiane	Incidence de LAM
Faible	0 point	5,7 ans	25% à 10 ans
Intermédiaire faible	0,5 - 1 point	3,5 ans	25% à 3,3 ans
Intermédiaire élevé	1,5 - 2 points	1 an	25% à 1 an
Elevé	>2 points	4,5 mois	75%

3 Leucémies aiguës.

CLASSIFICATION FAB (FRANCO-AMERICANO-BRITANNIQUE)

- Elle comprend 8 types de LAM, de la LAM 0 à la LAM 7, en fonction du type et du degré de différenciation des blastes.

NOM	Type de différenciation	Cytochimie	Cytologie	Génétique	Clinique
LAM 0	Très peu différenciée	MPO - EST -	Pas de corps d'Auer		
LAM 1	Sans différenciation granuleuse				Insuffisance médullaire
LAM 2	Avec différenciation granuleuse			t(8 ;21)	Splénomégalie
LAM 3	Promyélocytaire	MPO + EST +	Corps d'Auer en fagots	t(15 ;17)	CIVD
LAM 4	Myélomonocytaire			Inv (16)	Lysozyme ↑
LAM 5	Monoblastique				Lysozyme ↑ Leucostase
LAM 6	Erythroblastique				Surtout sujet âgé
LAM 7	Mégacaryocytaire	MPO - EST -	Pas de corps d'Auer		Surtout chez le trisomique 21

CLASSIFICATION OMS

- Elle distingue quatre catégories de LAM, en fonction d'éléments cliniques, cytogénétiques, morphologiques et moléculaires.

GROUPES DE LAM	Fréquence	Description	Pronostic
LAM avec anomalies cytogénétiques récurrentes	30% des LAM	LAM 2 t(8;21) LAM 3 t(15;17) LAM 4 avec inversion du chromosome 16	BON
LAM avec dysmyélopoïèse	10-15% des LAM	Cellules myéloïdes morphologiquement anormales	PEJORATIF
LAM secondaires à une chimiothérapie	10-15% des LAM		PEJORATIF
Autres types de LAM	40-50% des LAM	Autres types de LAM de la classification FAB	VARIABLE

4 Leucémies lymphoïdes chroniques.

CLASSIFICATION DE BINET

- C'est la classification pronostique et thérapeutique actuellement utilisée pour la LLC :

Pronostic	Stade	Définition			Survie médiane
		Hb	Plaquettes	Aires ganglionnaires	
Bon	A	>10g/dL	>100000/mm^3	< 3 territoires atteints	> 10 ans
Moyen	B			≥ 3 territoires atteints	5 ans
Mauvais	C	Hb < 10g/dL OU Plq <100000/mm^3		Indifférent	2 ans

Aires ganglionnaires comptant pour un territoire : Foie, Axillaire, Rate, Cervicale, Inguinale (moyen mnémotechnique = FARCI)

CLASSIFICATION RAI

- Plus ancienne

Stade	Définition	Survie mediane
0	Lymphocytose sanguine isolée	> 15 ans
I	Lymphocytose sanguine et adénopathies	9 ans
II	Lymphocytose sanguine et splénomégalie +/- adénopathies	5 ans
III	Lymphocytose sanguine et Hb < 11g/dL +/- splénomégalie +/- adénopathies	2 ans
IV	Lymphocytose sanguine et plaquettes < 100000/mm^3 +/- splénomégalie +/- adénopathies +/- Hb < 11g/dL	2 ans

5 Lymphomes malins.

CLASSIFICATION DE ANN-HARBOR

- **Quatre stades** du lymphome, quel que soit son type :

Stade	Description
I	Un seul territoire ganglionnaire atteint
II	Au moins deux territoires ganglionnaires atteints du même côté du diaphragme
III	Atteinte ganglionnaire de part et d'autre du diaphragme : • III-1 : atteinte sous-diaphragmatique (rate, ganglions spléniques, ganglions cœliaques, ganglions du tronc porte) • III-2 : ganglions latéro-aortiques, iliaques, mésentériques, avec ou non une atteinte du III-1
IV	Atteinte viscérale à distance d'un groupe ganglionnaire OU deux atteintes extra-ganglionnaires non contiguës

- **On rajoute des lettres à ces stades** en fonction de la présence ou non de certaines caractéristiques :
  - **A** : absence de signes d'évolutivité
  - **B** : présence de signes d'évolutivité parmi :
    - Fièvre > 38°C pendant au moins 8 jours consécutifs
    - Sueurs nocturnes
    - Perte de poids > 10% en 6 mois
  - **E** : envahissement d'un territoire extra-ganglionnaire contigu à un territoire ganglionnaire
  - **X** : masse tumorale volumineuse
    - Ganglion > 10 cm
    - Rapport médiastin/thorax > 1/3
  - **S** : atteinte splénique

SCORES PRONOSTIQUES : IPI ET FLIPI

- **Score IPI (Index Pronostique International) : 1 point par facteur**
  - Age supérieur à 60 ans
  - Stade III ou IV de Ann-Harbor
  - Taux de LDH élevé
  - Score OMS supérieur ou égal à 2
  - Atteinte d'au moins deux sites extra-ganglionnaires
- **Score FLIPI (Follicular Lymphoma International Pronostic Index) : 1 point par facteur**
  - Age supérieur à 60 ans
  - Stade III ou IV de Ann-Harbor
  - Taux de LDH élevé
  - Hémoglobine inférieure à 12g/dL
  - Atteinte d'au moins quatre sites ganglionnaires
- Dans les deux cas**, plus le score est élevé et moins le pronostic est bon.**

6 Myélome multiple des os.

CLASSIFICATION DU MYELOME

Type de myélome	Fréquence	Aspect EPP
IgG	55%	Pic en γ
IgA	25%	Pic en β
Chaînes légères	15%	Hypogammaglobulinémie
IgD	<5%	Pic en γ

SCORES PRONOSTIQUES DU MYELOME

- **La classification de Salmon et Durie est essentielle :**

Critères	Stade I	Stade II	Stade III
IgG	< 50 g/L	Myélome ne correspondant ni au stade I ni au stade III	>70g/L
IgA	<30 g/L		> 50 g/L
Hb	>10 g/dL		<8,5 g/dL
Protéinurie	<4 g/24h		>12 g/24h
Calcémie	<3mmol/L		>3mmol/L
Lésions osseuses	Aucune		3 atteintes ou plus
Critères	TOUS PRESENTS		UN SEUL CRITERE SUFFIT

Chaque stade peut être de type A ou B selon la fonction rénale :

- A = fonction rénale préservée avec créatininémie < 180 µmol/L
- B = fonction rénale dégradée avec créatininémie ≥ 180 µmol/

- **Le pronostic peut être aussi évalué grâce à l'IPI (index pronostic international) :**

	β2-microglobuline		Albuminémie
Stade I	<3,5 mg/L	ET	≥35 g/L
Stade II	<3,5 mg/L	ET	<35 g/L
	≥3,5 mg/L et <5,5 mg/L		
Stade III	≥ 5,5 mg/L		

7 Prescription et surveillance d'un ttt antithrombotique.

DUREE DES AVK ET OBJECTIF INR EN FONCTION DES INDICATIONS

Indication	INR cible	Durée des AVK
FA	2 – 3	A vie ou tant que FA
Valvulopathie mitrale avec facteurs favorisants (dilatation ou thrombus de l'oreillette gauche)	3 – 4,5	A vie
Prothèse valvulaire mécanique mitrale, ou aortique avec facteur de risque embolique		
Prothèse valvulaire mécanique (autres situations)	2 – 3	A vie
Prothèse valvulaire biologique		3 mois
Infarctus du myocarde		1-3 mois
TVP, EP		3-6 mois minimum
SAPL	3 – 4,5	A vie
Prévention des thromboses sur KT	Non modifié	Tant que KT

DUREE DU TRAITEMENT APRES UNE MALADIE THROMBOEMBOLIQUE

	Facteurs	Durée recommandée	Si traitement allongé
MTEV avec facteur déclenchant majeur transitoire	Chirurgie Immobilisation ≥ 3j Fracture des membres inférieurs dans les 3 derniers mois	3 mois	6 mois
MTEV avec facteur de risque persistant majeur	Cancer en cours de traitement SAPL	≥ 6 mois A prolonger tant que le facteur persiste	A vie
MTEV idiopathique	Absence de facteur déclenchant ou de facteur de risque majeur	≥ 6 mois	1-2 ans

Le traitement peut être prolongé en cas de thrombophilie connue, de récidive de la MTEV, d'HTAP, d'EP associée à un état de choc…

8 Transfusion sanguine et produits dérivés du sang : Indications, complications, hémovigilance.

REGLE DE TRANSFUSION

- O est donneur universel car les GR d'un patient O n'ont pas d'antigènes de surface
- AB est receveur universel : il ne développe ni Ac anti-A, ni Ac anti-B

Groupe du receveur	Donneur possible
A	A, O
B	B, O
AB	AB, A, B, O
O	O

9 Accidents des anticoagulants.

CONDUITE A TENIR EN CAS DE SURDOSAGE EN AVK

Valeur de l'INR	Mesures correctrices recommandées	
	INR cible entre 2 et 3	INR cible entre 2,5 et 4,5
INR < 4	Pas de saut de prise Pas d'apport de vitamine K	
4 ≤ INR < 6	Saut d'une prise Pas d'apport de vitamine K	Pas de saut de prise Pas d'apport de vitamine K
6 ≤ INR < 10	Arrêt du traitement Prise d'1 à 2 mg de vitamine K PO	Saut d'une prise Avis spécialisé pour discuter la prise d'1-2mg de vitamine K PO
INR ≥ 10	Arrêt du traitement Prise de 5 mg de vitamine K PO	Avis spécialisé en urgence ou hospitalisation sans délai pour prise en charge spécialisée

Contrôler l'INR le lendemain et reconduire les mesures thérapeutiques recommandées ci-dessus en fonction de ce nouvel INR

CONDUITE A TENIR EN CAS DE SURDOSAGE EN HEPARINE

Type	Valeur	Mesures correctrices
HNF	TCA ≥ 5 Pas d'hémorragie grave	Arrêt de l'héparine pendant 1h puis reprise à dose diminuée Contrôle du TCA à 4 heures Relais par AVK si possible
	TCA ≥ 5 Hémorragie grave	Arrêt de l'héparine Sulfate de protamine en IV lente Contrôle du TCA à 4 heures
HBPM	Anti-Xa > 1 Pas d'hémorragie grave	Diminution des doses Contrôle de l'anti-Xa à 4 heures
	Anti-Xa > 1 Hémorragie grave	Arrêt de l'héparine Sulfate de protamine en IV lente Contrôle de l'anti-Xa à 4 heures

10 Exposition accidentelle au sang.

INDICATION DU TRAITEMENT PROPHYLACTIQUE ANTIVIRAL

Exposition	Statut VIH +	
	Charge virale élevée	Stade asymptomatique/charge virale faible
Massive	Recommandé	Recommandé
Intermédiaire	Recommandé	Se discute
Minime	Se discute	Se discute

Exposition	Statut VIH inconnu	
	Au moins un argument suggérant une infection VIH possible	Aucun argument suggérant une infection VIH possible
Massive	Traitement recommandé	Se discute
Intermédiaire ou minime	Se discute	Pas de traitement

MESURES DE PROPHYLAXIE CONCERNANT LE VHB

Victime	Source VHB -	Source VHB +
Vaccinée immunisée	Rien	Rien
Vaccinée non immunisée	Rappel vaccinal	Rappel vaccinal + sérovaccination
Non vaccinée	Vaccination	Vaccination + sérovaccination

11 Hémogramme : indications et interprétation.

VALEURS SEUILS DE L'HEMOGRAMME

- **Valeurs de l'hémoglobine :**

Age	Normes	Anémie	Polyglobulie
Homme	13-17 g/dL	<13 g/dL	> 17 g/dLou Hte > 54%
Femme	12-16 g/dL	<12 g/dL	>16 g/dL ou Hte > 47%
Femme enceinte	11-16 g/dL	<11 g/dL	
Nouveau-né	>13,5 g/dL	<13,5 g/dL	
0-6 ans	>11 g/dL	<11 g/dL	
6-14 ans	> 12 g/dL	<12 g/dL	

- **VGM :**

Age	Normes	Microcytose	Macrocytose
Adulte	82-98 μ^3	<78 μ^3	>98 μ^3
0-2 ans	70-98 μ^3	<70 μ^3	
2-6 ans	73-98 μ^3	<73 μ^3	
6-14 ans	80-98 μ^3	<80 μ^3	

- **CCMH :**
  - Normes : CCMH 32 - 36%
  - Hypochromie : CCMH < 32%
  - L'hyperchromie n'existe pas. Lorsque la CCMH est supérieure à 36%, on considère qu'il y a un artifice d'hémogramme, lié en général à la présence d'une agglutinine froide.

- **Réticulocytes :**
  - Normes : 20000-120000 x 106/L
  - Réticulocytopénie : < 20000 x 106/L
  - Hyperréticulocytose : > 120000 x 106/L

- **Plaquettes :**
  - Normes : 150000-400000 x 106/L
  - Thrombopénie : < 150000 x 106/L
  - Thrombocytose : > 400000 x 106/L

- **TCMH :** normes de 27 à 32 pg/cellule

- **Leucocytes :**

Type	Normes	Anomalies	
GB	4000-10000 x 10^6/L	Leucopénie	< 4000 x 10^6/L
		Hyperleucocytose	> 10000 x 10^6/L
PNN	1500-7000 x 10^6/L	Neutropénie	< 1500 x 10^6/L
		Polynucléose neutrophile	> 7000 x 10^6/L
PNE	< 400 x 10^6/L	Hyperéosinophilie	> 400 x 10^6/L
PNB	<100 x 10^6/L	Basocytose	>100 x 10^6/L
Lymphocytes	1500-4000 x 10^6/L	Lymphopénie	<1500 x 10^6/L
		Lymphocytose	>4000 x 10^6/L
Monocytes	200-800 x 10^6/L	Monocytopénie	<200 x 10^6/L
		Monocytose	>800 x 10^6/L

GROUPES DE RISQUE PURPURA THROMBOPENIQUE IDIOPATHIQUE

- **Prise en charge selon 3 groupes de risque**

	Groupe A	Groupe B	Groupe C
Signes hémorragiques sévères	Absents	Absents	Présents
Taux de plaquettes	Supérieur à 30.000	Inférieur à 30.000	Quel que soit le chiffre
Traitement	Surveillance	Immunoglobulines IV ou corticoïdes	Transfusion de plaquettes et corticoïdes et immunoglobulines

PEDIATRIE

Chapitre 6

1 Evaluation et soins du nouveau-né à terme.

SCORE D'APGAR

- Il évalue les capacités d'adaptation à la vie extra-utérine par 5 points (cotés chacun de 0 à 2), à 1, 5 et 10 minutes :
  - Score < 4 : état de mort apparente = réanimation néonatale immédiate
  - 7 < score < 4 : souffrance modérée

Fréquence cardiaque	Mouvements respiratoires	Tonus musculaire	Coloration	Réactivité	Cotation
Absence	Absence	Flasque	Cyanose-pâleur	Pas de réponse	0
< 100/min	Hypoventilation	Léger tonus flexion	Extrémités cyanosées	Léger mouvement	1
> 100/min	Réguliers	Bon tonus flexion	Complètement rose	Cri	2

SCORE DE SILVERMAN

- Recherche de signes de lutte :
  - Un score de Silverman > 5 est un signe de gravité nécessitant une ventilation mécanique en urgence

Balancement thoraco abdominal	Battements des ailes du nez	Tirage	Entonnoir xiphoïdien	Geignement expiratoire	Cotation
Absent	Absent	Absent	Absent	Absent	0
Thorax immobile	Modéré ou intermittent	Intercostal discret	Modéré	Perçu au stéthoscope	1
Respiration paradoxale	Intense	Intercostal, sus et sous sternal	Intense	Audible et continu	2

2 Développement psychomoteur du nourrisson et de l'enfant : aspects normaux et pathologiques.

QUOTIENT INTELLECTUEL

- Quantifier le retard psychomoteur
- Calcul du QI (Quotient intellectuel) :
  - Intelligence normale : QI=100
  - Débilité légère : QI entre 70 et 85
  - Retard mental : QI inférieur à 70

3 Retard de croissance staturo-pondéral

CALCUL DU RETARD DE CROISSANCE

- Taille cible génétique :
  - (Taille du père + taille de la mère + 13 si fille ou – 13 si garçon)/2
- Définition d'un retard de croissance :
  - Taille et/ou poids inférieur à -2 DS ou au 3ème percentile
  - Et/ou ralentissement de la vélocité de croissance avec changement de couloir
  - Et/ou écart de + 2DS entre taille et taille cible génétique

4 Diarrhée aiguë et déshydratation chez le nourrisson et chez l'enfant.

EVALUATION DE LA DESHYDRATATION DU NOURRISSON

- % de perte de poids = pourcentage de déshydratation
- Equivalence entre signes cliniques et pourcentage de déshydratation :
  - Déshydratation < 5% :
    - Peu ou pas de signes cliniques (soif et muqueuses sèches)
  - 5%<déshydratation ≤ 10% :
    - Signes cliniques de déshydratation sans collapsus ni persistance du pli cutané.
  - 10%≤déshydratation < 15% :
    - Persistance du pli cutané constante, collapsus fréquent.
  - Déshydratation > 15% :
    - Choc hypovolémique

- Signes de déshydratation :

Extra-cellulaire	Intra-cellulaire
Pli cutané	Muqueuses sèches
Fontanelle déprimée	Soif
Yeux creux, cernés	Fièvre
Troubles hémodynamiques	Troubles de la conscience

5 Fractures chez l'enfant.

CLASSIFICATION DE SALTER ET HARRIS

- Fractures épiphysaires
- Fractures intéressant le cartilage de croissance

Type	Description	Traitement	Pronostic
Type 1	Décollement épiphysaire pur, de l'ensemble du cartilage de croissance, sans fracture	Orthopédique	Excellent
Type 2	Décollement épiphysaire partiel avec trait de fracture métaphysaire	Orthopédique	Bon
Type 3	Trait de fracture trans-épiphysaire avec décollement épiphysaire partiel	Chirurgical	Bon si la réduction est parfaite
Type4	Trait de fracture articulaire trans-épiphyso-métaphysaire sans décollement épiphysaire	Chirurgical	Réservé
Type 5	Ecrasement du cartilage de croissance Diagnostic souvent rétrospectif	Des complications	Grave Epiphysiodèse post-traumatique fréquente

CLASSIFICATION DE LAGRANGE ET RIGAULT

- Fracture supra-condylienne du coude
- Classification radiologique

Stade	Description	Traitement
1	• Fracture non déplacée • Fracture en bois vert	• Plâtre brachio-anté-brachio palmaire
2	• Déplacement en bascule postérieure uniquement • Rupture des deux corticales avec un	• Plâtre ou réduction ou immobilisation en flexion (Blount)
3	• Périoste postérieur intact • Déplacement postérieur important • Persistance d'un contact entre les fragments épiphysaires et métaphysaires • Périoste postérieur intact • Rotation interne du fragment épiphysaire	• Réduction et Blount • Ou ostéosynthèse par broches puis plâtre
4	• Perte de contact des fragments métaphysaire et épiphysaire • Rupture du périoste postérieur dans 50% des cas	

6 Obésité de l'enfant et de l'adulte.

INDICE DE MASSE CORPORELLE

- IMC = poids / $(\text{taille})^2$
- Chez l'enfant :
  - Surpoids si IMC est supérieur au 97ème percentile
  - Obésité si IMC extrapolé à l'adulte est supérieur à 30 kg/m2

7 Purpura de l'enfant et de l'adulte.

GROUPES DE RIQUE PURPURA THROMBOPENIQUE IDIOPATHIQUE

- **Prise en charge selon 3 groupes de risque**

	Groupe A	Groupe B	Groupe C
Signes hémorragiques sévères	Absents	Absents	Présents
Taux de plaquettes	Supérieur à 30.000	Inférieur à 30.000	Quel que soit le chiffre
Traitement	Surveillance	Immunoglobulines IV ou corticoïdes	Transfusion de plaquettes et corticoïdes et immunoglobulines

RHUMATOLOGIE

Chapitre 7

1 Evaluation clinique et fonctionnelle d'un handicap moteur, cognitif et sensoriel.

ECHELLES DE CLASSIFICATION DE DEFICIENCE-INCAPACITE- HANDICAP

	Echelles génériques	PR	SPA	Arthrose	Lombalgie chronique
Déficience	EVA douleur	DAS28	-	Indice algo-fonctionnel de Lequesne	-
Incapacité	MIF : mesure d'indépendance fonctionnelle, indice de Barthel	Score HAQ	BASFI	Idem	-
Handicap	Echelle de Nottingham	-	-	-	Dallas

2 Ostéoporose.

DEFINITION OMS OSTEODENSITOMETRIQUE

Normalité	**Densité minérale osseuse (DMO) de moins d'un écart-type par rapport à celle de l'adulte jeune (T-score > -1 DS)**
Ostéopénie	-2,5 DS < T-score ≤ -1 DS
Ostéoporose	**T-score ≤ -2,5 DS**
Ostéoporose sévère ou confirmée	T-score < -2,5 DS et présence d'une ou plusieurs fractures

Ostéoporose : DMO inférieure à la « moyenne de référence chez l'adulte jeune moins 2,5 écart-type » ou T-score ≤ -2,5 DS

3 Arthrose.

CRITERES ACR : GONARTHROSE OU COXARTHROSE

Critères ACR : gonarthrose ou coxarthrose si 3 sur 4 présents :

- Age > 50 ans
- Douleurs mécaniques du genou ou de la hanche
- Ostéophyte ou pincement de l'interligne
- VS < 20 mm

4 Bases neurophysiologiques et évaluation d'une douleur aiguë et chronique.

ECHELLE VISUELLE ANALOGIQUE : EVA
ECHELLE NUMERIQUE : EN

Evaluation d'une douleur aiguë par échelle d'auto-évaluation unidimensionnelle :

- Echelle visuelle analogique EVA
- Echelle numérique EN

Tableau de correspondance entre l'intensité de la douleur et le niveau antalgique requis :

Palier OMS	EVS = Echelle Verbale Simple	EVA = Echelle Visuelle Analogique
Palier 1	Douleur faible à modérée	< 4
Palier 2	Douleur modérée à sévère	4 < EVA < 7
Palier 3	Douleur très intense	> 7

5 Thérapeutiques antalgiques médicamenteuses et non médicamenteuses (P).

CLASSIFICATION DES ANTALGIQUES EN PALIERS DE L'OMS

Palier			DCI		Nom commercial	Voies d'administration	
I	Analgésiques non-morphiniques, antalgiques périphériques		• Paracétamol • Aspirine • Anti-inflammatoires non stéroïdiens (AINS) • Néfopam (Acupan®)			Orale	
II	Agonistes morphiniques faibles		• Dextropropoxyphène • Efferalgan codéiné® • Tramadol (Topalgic®)			Orale	
III	Opioïdes forts	Agonistes purs	Morphine	Sulfate	Actiskenan® Sevredol®	Orale	Libération immédiate
III	Opioïdes forts	Agonistes purs	Morphine	Sulfate	Skenan LP® Moscontin LP®	Orale	Libération prolongée
III	Opioïdes forts	Agonistes purs	Morphine	Chlorhydrate	Morphine®	Orale	Libération immédiate
III	Opioïdes forts	Agonistes purs	Morphine	Chlorhydrate	Morphine®	Parentérale	SC IV IM Péridurale Intrathécale
III	Opioïdes forts	Agonistes purs	Oxycodone		Oxynorm®	Orale	Libération immédiate
III	Opioïdes forts	Agonistes purs	Oxycodone		Oxycontin®	Orale	Libération prolongée
III	Opioïdes forts	Agonistes purs	Hydromorphone		Sophidone®	Orale	Libération prolongée
III	Opioïdes forts	Agonistes purs	Fentanyl		Durogésic®	Transcutanée	
III	Opioïdes forts	Agonistes purs	Fentanyl		Actiq®	Transmuqueuse	
III	Opioïdes forts	Agonistes partiels	Buprénorphine		Temgésic®	Sublinguale	
III	Opioïdes forts	Agonistes partiels	Buprénorphine		Temgésic®	Parentérale	SC IV IM
III	Opioïdes forts	Agonistes-antagonistes	Nalbuphine		Nalbuphine®	Parentérale	SC IV IM

6 Accidents du travail et maladies professionnelles.

CLASSIFICATION ET DIFFERENCES : ACCIDENTS DU TRAVAIL (AT) MALADIES PROFESSIONNELLES (MP)

Type	Accidents du travail (AT)	Maladies Professionnelles (MP)
Mode de début	• Début brutal • Soudaineté	• Début progressif • Souvent difficile à dater
Présomption	• Présomption d'imputabilité	• Pas de présomption d'imputabilité automatique, le salarié doit prouver qu'il satisfait aux conditions du tableau
Inclusion	• Pas de limitation de symptôme ou d'affection particulière	• Maladies, symptômes, délais, causes • Tableaux
Extension	• Extension aux accidents de trajet	• Peut être étendu aux maladies à caractère professionnel (CRRMP)

7 Lupus érythémateux disséminé. Syndrome des anti-phospholipides.

CRITERES DIAGNOSTIQUES DU LUPUS
CLASSIFICATION ACR DU LES (1997) OU CRITERES DE L'ARA (1982)

Diagnostic de lupus si ≥ 4 critères :

- **Eruption malaire** en ailes de papillon ou rash malaire ou vespertilio
- **Eruption du lupus discoïde**
- **Photosensibilité**
- **Ulcérations buccales ou nasopharyngées**
- **Arthrite** non érosive touchant ≥ 2 articulations
- Pleurésie ou péricardite
- **Protéinurie > 0,5 g/24 h** ou cylindres urinaires
- **Convulsions ou psychose**
- **Atteinte hématologique**
  - Anémie hémolytique ou leucopénie (< 4.000/mm^3) à 2 reprises
  - Ou lymphopénie (< 1.500/mm^3) à 2 reprises
  - Ou thrombopénie (< 100.000/mm^3)
- **Désordre immunologique** : présence d'anticorps anti-ADN natif ou d'anti-Sm ou d'antiphospholipides
  - **Anti-ADN natif positif** à un taux anormal
  - Ou présence **d'anticorps anti-Sm**
  - Ou titre anormal d'anticorps anticardiolipines IgG ou IgM
  - Ou présence d'une antiprothrombinase
  - Ou fausse sérologie syphilitique positive connue depuis ≥ 6 mois (VDRL+, TPHA-)
- Présence de **facteurs antinucléaires** à un titre anormal en l'absence de médicament inducteur :
  - Titre anormal d'anticorps antinucléaires en immunofluorescence
  - Ou technique équivalente à n'importe quel moment de l'évolution, en l'absence de médicament inducteur de lupus
- Hypocomplémentémie : dosage CH50, C3, C4

8 Maladie de Horton et pseudo-polyarthrite rhizomélique (PPR).

CRITERES DIAGNOSTIQUES MALADIE DE HORTON (ACR)

- Ces critères sont plutôt des critères de classification dans les études que des critères diagnostiques
- **3 critères / 5 = diagnostic de Horton :**
  - **Age** > 50 ans
  - **Céphalée** localisée récente (ou modification récente d'une céphalée ancienne
  - **Artère temporale** anormale (douleurs, pulsations abolies ou faibles)
  - **VS** > 50 mm à H1
  - **BAT anormale** (vascularite nécrosante avec infiltrat cellulaire à prédominance mononucléée ou granulome inflammatoire avec cellules géantes

9 Polyarthrite rhumatoïde.

CRITERES DIAGNOSTIQUES POLYARTHRITE RHUMATOÏDE (ACR)

- **4 critères / 7 = diagnostic de polyarthrite rhumatoïde :**
  - Raideur articulaire matinale > 1 h, pendant ≥ 6 semaines
  - Gonflement des parties molles de 3 articulations en même temps, pendant ≥ 6 semaines
  - Gonflement d'au moins 1 articulation des mains (poignets, MCP, IPP) pendant ≥ 6 semaines
  - Atteinte bilatérale et symétrique Radiographies : atteinte typique des mains et des poignets (érosions, déminéralisation)
  - Nodules rhumatoïdes
  - Sérologie : FR

CRITERES PRONOSTIQUES POLYARTHRITE RHUMATOÏDE

- **Facteurs pronostiques (HAS 2008) :**
  - Nombre d'articulations douloureuses (**NAD**) et gonflées (**NAG**)
  - **Intensité du syndrome inflammatoire** (VS, CRP)
  - **Présence de facteur rhumatoïde**
  - **Présence d'anticorps anti-CCP**
  - Présence d'**érosions** en imagerie
  - Score du **DAS 28 > 3,2**
  - Score **HAQ ≥ 0,5**

- Autres facteurs pronostiques :
  - Début aigu polyarticulaire
  - Existence d'**atteinte extra-articulaire**
  - Terrain génétique particulier avec présence de l'antigène HLA DR 04
  - **Mauvaise réponse au traitement de fond** (persistance de synovite à 3 mois sous traitement)
  - Statut socio-économique défavorisé

10 Myélome multiple des os.

CLASSIFICATION DU MYELOME

Type de myélome	Fréquence	Aspect EPP
IgG	55%	Pic en γ
IgA	25%	Pic en β
Chaînes légères	15%	Hypogammaglobulinémie
IgD	<5%	Pic en γ

SCORES PRONOSTIQUES DU MYELOME

- **La classification de Salmon et Durie est essentielle :**

Critères	Stade I	Stade II	Stade III
IgG	< 50 g/L	Myélome ne correspondant ni au stade I ni au stade III	>70g/L
IgA	<30 g/L		> 50 g/L
Hb	>10 g/dL		<8,5 g/dL
Protéinurie	<4 g/24h		>12 g/24h
Calcémie	<3mmol/L		>3mmol/L
Lésions osseuses	Aucune		3 atteintes ou plus
Critères	TOUS PRESENTS		UN SEUL CRITERE SUFFIT

Chaque stade peut être de type A ou B selon la fonction rénale :
- A = fonction rénale préservée avec créatininémie < 180 µmol/L
- B = fonction rénale dégradée avec créatininémie ≥ 180 µmol/

- **Le pronostic peut être aussi évalué grâce à l'IPI (index pronostic international) :**

	β2-microglobuline		Albuminémie
Stade I	<3,5 mg/L	ET	≥35 g/L
Stade II	<3,5 mg/L	ET	<35 g/L
	≥3,5 mg/L et <5,5 mg/L		
Stade III	≥ 5,5 mg/L		

11 Algodystrophie.

CLASSIFICATION PAR PHASE DE L'ALGODYSTROPHIE

Phase	Durée	Clinique
Phase « chaude » inflammatoire	**Quelques semaines à 6 mois**	• Douleur articulaire et péri-articulaire • Raideur • Signes vasomoteurs : œdème, chaleur locale, hypersudation • Retentissement fonctionnel majeur
Phase « froide » jusqu'à la guérison	**Jusqu'à la guérison après 12 à 24 mois**	• Troubles trophiques : froideur, pâleur, dépilation, acrocyanose • Rétractions capsulo-ligamentaires

En fait, diverses présentations : phase froide d'emblée, ou uniquement phase chaude, ou alternance phases froide et chaude

12 Radiculalgies et syndromes canalaires.

COTATION D'UN DEFICIT NEUROLOGIQUE

Cotation	Descriptif
0	• Aucune contraction
1	• Contraction faible insuffisante pour entraîner un déplacement (isométrique)
2	• Mouvement possible sans l'action de la pesanteur
3	• Mouvement possible contre pesanteur mais pas contre résistance
4	• Mouvement possible contre pesanteur et résistance
5	• Force normale

CLASSIFICATION ANATOMIQUE DES RADICULALGIES

Racine	Topographie de la douleur	Déficit moteur	Hypo-esthésie	Réflexe
L2	Méralgie trochantérienne: • Face antérieure cuisse	Psoas	« En raquette » région trochantérienne	-
L3	Cruralgie : • Face antérieure cuisse jusqu'au genou face interne	• Psoas • Quadriceps	Face antérieure de cuisse	Rotulien
L4	Cruralgie : • Face externe cuisse • Face antérieure genou • Face antéro-interne jambe	• Jambier antérieur • Quadriceps	Face antérieure de cuisse	Rotulien
L5	• Fesse • Postéro-externe de cuisse • Externe genou et jambe • Malléole externe • Dos du pied • Gros orteil	• Moyen fessier • Péroniers latéraux • Releveur des orteils • Marche sur les talons difficiles	Dos du pied et loge antéro-externe de jambe	-
S1	• Fesse • Postérieure de cuisse • Creux poplité • Postérieure de jambe (mollet) • Tendon d'Achille, talon • Plante ou bord externe du pied jusqu'au 5ème orteil	• Grand fessier • Triceps sural • Fléchisseurs des orteils • Marche sur pointe des pieds difficile	Plante du pied et face postérieure de jambe	Achilléen

Racine	Territoire sensitif	Déficit moteur	Réflexe
C5	• Moignon de l'épaule • Face externe du bras	• Abduction du bras • Rotateurs de l'épaule	Bicipital
C6	Face externe du membre supérieur jusqu'au pouce	• Flexion du coude • Supination • Flexion du pouce	Stylo-radial
C7	Face postérieure du membre supérieur jusqu'aux 2ème et 3ème doigts	• Extension du coude, poignet, doigts • Pronation	Tricipital
C8/D1	Face interne du membre supérieur jusqu'aux 4ème et 5ème doigts	Flexion et écartement des doigts	Cubito-pronateur

CRITERES D'AMOR
CRITERES DIAGNOSTIQUES DES SPONDYLARTHROPATHIES

Catégorie	Critère	Points
Signes cliniques ou histoire clinique	Douleurs nocturnes lombaires ou dorsales et/ou raideur matinale lombaire ou dorsale	1 point
	Douleurs fessières uni- ou bilatérales	1 point
	Douleurs fessières à bascule	2 points
	Oligo-arthrite asymétrique	2 points
	Doigt ou orteil « en saucisse »	2 points
	Talalgie ou autre enthésopathie	2 points
	Iritis	2 points
	Urétrite non gonococcique ou cervicite moins d'un mois avant le début d'une arthrite.	1 point
	Diarrhée moins d'un mois avant le début d'une arthrite	1 point
	Présence ou antécédent de psoriasis et/ou de balanite et/ou d'entéro-colopathie chronique	2 points
Signes radiologiques	Sacro-iliite radiologique ≥ stade 2 si bilatérale ou stade 3 si unilatérale	3 points
Terrain génétique	Présence de l'antigène HLA-B27 ou antécédents familiaux de pelvispondylite, de syndrome de Reiter, de psoriasis, d'entéro-colopathies chroniques	2 points
Sensibilité au traitement	Amélioration en 48 heures des douleurs par AINS et/ou rechute rapide (48 h) des douleurs à leur arrêt	2 points

Diagnostic = score supérieur à 6 points

CRITERES DE L'EUROPEAN SPONDYLARTHROPATHY STUDY GROUP (ESSG)
CRITERES DIAGNOSTIQUES DES SPONDYLARTHROPATHIES

Critères majeurs	Douleurs rachidiennes inflammatoires (début avant 45 ans, amélioration par l'exercice, avec raideur matinale et durée > 3 mois)
	Synovites asymétriques ou prédominantes aux membres inférieurs
Critères mineurs	Antécédents familiaux de spondylarthropathie ou d'uvéite ou d'entéro-colopathie
	Psoriasis
	Maladie inflammatoire intestinale (entéro-colopathie)
	Urétrite, cervicite ou diarrhée aiguë dans le mois précédent l'arthrite
	Diarrhée aiguë
	Douleurs fessières à bascule
	Enthésopathie
	Sacroiliite radiologique (bilatérale si grade ≥ 2, unilatérale si grade > 3)

Un critère majeur + un critère mineur permettent le diagnostic

CRITERES DE NEW YORK MODIFIES
CRITERES DIAGNOSTIQUES DE LA SPONDYLARTHRITE ANKYLOSANTE

Critères cliniques	• Lombalgies avec raideur > 3 mois, améliorées par l'effort, ne cédant pas au repos • Limitation de la mobilité du rachis lombaire dans les plans sagittal et frontal • Limitation de l'ampliation thoracique par rapport aux valeurs normales corrigées pour l'âge et le sexe
Critère radiologique	• Sacro-iliite bilatérale de grade ≥ 2 ou unilatérale de grade ≥ 3

Score : Spondylarthrite définie si le critère radiologique est associé à au moins 1 des critères cliniques

PHASES EVOLUTIVES DE SACRO-ILIITE

- Atteinte des sacro-iliaques : 4 phases évolutives (sacro-iliite) :

Stade	Descriptif
0	• Sacro-iliaque normale
1	• Pseudo-élargissement des berges par déminéralisation
2	• Erosion des berges, aspect en « timbre-poste »
3	• Condensation des berges
4	• Fusion des berges = ankylose

STADES ENTHESOPATHIES

Stade	Descriptif
0	• Infra-radiologique : inflammation de la zone d'enthèse
1	• Erosion ou irrégularité du cortex et oséopénie sous-chondrale à l'insertion osseuse de l'enthèse
2	• Apparition d'une érosion avec ébauche d'apposition périostée
3	• Apparition d'un enthésophyte : ossification cicatricielle le long de l'enthèse

Localisations : face postérieure calcanéum, épine ischiatique, trochanter

14 Douleurs des membres et des extrémités.

STADES RADIOLOGIQUES OSTEONECROSE ASEPTIQUE DE LA TETE FEMORALE

Stade	Descriptif radiologique
1	• Normale (précoce)
2	• Zone nécrotique déminéralisée, hétérogène, bordée secondairement par une zone de condensation aux contours irréguliers
3	• Image en coquille d'œuf caractéristique : liseré clair sous-chondral réalisant un double contour dans les zones nécrosées
4	• Perte de sphéricité de l'épiphyse par effondrement de la zone de nécrose
5	• Arthrose secondaire (pincement)
6	• Destruction complète de la tête

15 Hypercalcémie (avec le traitement).

CALCUL DE LA CALCEMIE

Mode de calcul	• **Calcémie corrigée = calcémie mesurée + (40 - albumine)/40**
Normale	• Valeurs normales : 2,2 à 2,6 mmol/L

TRAITEMENT D'UNE HYPERCALCEMIE

Taux	Type		Traitement
< 3 mmol/L	Hypercalcémie modérée	Asymptomatique Bien tolérée	• Traitement ambulatoire • Réhydratation +++ orale (apports hydro-sodés) • Suppression des aliments riches en calcium • Contre-indication aux traitements hypercalcémiants, hypokaliémiants et aux digitaliques
		Mal toléré	• Hospitalisation en USI : urgence thérapeutique • Réhydratation intraveineuse + rééquilibration hydro-électrolytique • Scope cardio-tensionnel + ECG • Biphosphonates IV • Calcitonine IV • +/- Corticoïdes • +/- Diurèse forcée au Lasilix • +/- Epuration extra-rénale
> 3 mmol/L	Hypercalcémie sévère		

SANTE PUBLIQUE
MEDECINE LEGALE
MEDECINE DU TRAVAIL

Chapitre 8

1 La méthodologie de la recherche clinique.

PHASES D'UN ESSAI CLINIQUE

Phases de l'essai	Population	Objectifs
I	• Volontaires sains • Petit effectif	• Pharmacocinétique • Tolérance (dose maximale tolérée)
II	• Malades volontaires • Petit effectif	• Pharmacodynamique • Recherche de la dose efficace • Effets secondaires
III	• Malades volontaires • Grand effectif	• Essai clinique randomisé contrôlé
IV	• Population générale • Après Autorisation de Mise sur le Marché	• Pharmacovigilance

PROTOCOLE D'UN ESSAI CLINIQUE

Plan de l'essai : 2 types :

Plan de l'essai	Descriptif
Essais en parallèle	• Un groupe reçoit le nouveau traitement, l'autre un traitement de référence ou le placebo
Essais croisés ou en cross-over	• Chaque groupe reçoit successivement les deux traitements, dans un ordre aléatoire • Chaque sujet est ainsi son propre témoin, il y a une période d'interruption ou wash-out entre les deux traitements

Calcul du nombre de sujet nécessaire, qui dépend :

Critères	Abréviations	Descriptif
Risque α	α	• Probabilité de conclure à une différence alors qu'il n'y en a pas
Risque β	β	• Probabilité de ne pas conclure à une différence alors qu'il y en a une
Puissance P	**P**	• (1 - β)

2 Évaluation des examens complémentaires dans la démarche médicale.

VALIDITE D'UN TEST - TABLEAU 2 X 2

	T+ Test positif (nouveau test positif)	**T- Test négatif (nouveau test négatif)**
M+ Malades (gold standard positif)	**VP** Vrais Positifs	**FN** Faux Négatifs
M- Non-malades (gold standard négatif)	**FP** Faux Positifs	**VN** Vrais Négatifs

- **Vrais Positifs :** sujets malades chez qui le résultat du test est positif
- **Faux Positifs :** sujets non-malades chez qui le résultat du test est positif
- **Faux Négatifs :** sujets malades chez qui le résultat du test est négatif
- **Vrais Négatifs :** sujets non-malades chez qui le résultat du test est négatif

VALIDITE INTRINSEQUE DU TEST
SENSIBILITE ET SPECIFICITE

Sensibilité (Se) :
- Probabilité que le test soit positif sachant que la personne est malade
- Capacité du nouveau test à identifier correctement les malades
- **Se = P (T+/M+) = VP/(VP + FN)**

Spécificité :
- Probabilité que le test soit négatif sachant que la personne n'est pas malade
- Capacité du nouveau test à identifier correctement les personnes non-malades
- **Spe = P (T-/M-) = VN/(FP + VN)**

VALIDITE EXTRINSEQUE DU TEST
VALEUR PREDICTIVE POSITIVE ET NEGATIVE

Valeur prédictive positive (VPP) :
- Probabilité que le sujet soit malade si le test est positif
- **VPP = P (M+/T+) = VP/(VP + FP)**

Valeur prédictive négative (VPN) :
- Probabilité que le sujet ne soit pas malade si le test est négatif
- **VPN = P (M-/T-) = VN/(VN + FN)**

RAPPORT DE VRAISEMBLANCE (RV) :

Rapport de vraisemblance positif :
- RV+ = Se/(1-Sp)
- Plus le rapport de vraisemblance positif (RV+) est élevé, meilleur est l'apport diagnostique d'un résultat positif

Rapport de vraisemblance négatif :
- RV- = (1-Se)/Sp
- Plus le rapport de vraisemblance positif (RV-) est élevé, meilleur est l'apport diagnostique d'un résultat négatif

CLASSIFICATION DES DIFFERENTS TESTS
TEST DE DEPISTAGE ET TEST DIAGNOSTIQUE

Type de test	Descriptif
Test de dépistage	• S'adresse à une **population *a priori* saine,** mais à risque de maladie • Doit être **sensible** et détecter un maximum de malade • Doit avoir **une bonne VPN** • Ne débouche pas immédiatement sur une décision thérapeutique • Doit être confirmé par un test spécifique s'il est positif
Test diagnostique	• S'adresse à des individus **symptomatiques ou après un test de dépistage positif** • Doit être **spécifique** • Doit avoir une **VPP élevée** • Débouche sur une **décision thérapeutique**

3 Le dossier médical. L'information du malade. Le secret médical.

TYPES DE DEROGATIONS AU SECRET MEDICAL

Type	Descriptif
Obligatoires	• Certificats de naissances • Certificats de décès • Maladies contagieuses et vénériennes à déclaration obligatoire • Alcooliques présumés dangereux • Déclaration des IVG • Déclarations d'accidents du travail et de maladies professionnelles • Hospitalisations psychiatriques sans consentement : HDT et HO • Pensions civiles et militaires de retraite • Pension militaire d'invalidité • Indemnisation de personnes contaminées par le VIH par transfusion • Dopage

Facultatives	• Patient dangereux détenant une arme ou ayant manifesté l'intention d'en acquérir une • Sévices permettant de présumer de violences sexuelles (avec accord des victimes adultes) • Mauvais traitements infligés à un mineur de moins de 15 ans ou à une personne incapable de se protéger

CLASSIFICATION DU CONTENU DU DOSSIER MEDICAL

Partie	Descriptif
Partie 1	Informations recueillies lors des consultations externes, de l'admission ou du séjour hospitalier : • Fiche d'identification du malade • Lettre du médecin • Motifs d'hospitalisation • Conclusion de l'examen clinique initial et des examens cliniques successifs • Comptes-rendus des examens paracliniques et complémentaires • Fiche de consultation pré-anesthésique et feuille de surveillance anesthésique • Compte-rendu opératoire ou d'accouchement • Prescriptions thérapeutiques • Dossier de soin infirmier • Dossier transfusionnel
Partie 2	Informations établies à la fin du séjour : • Compte-rendu d'hospitalisation • Ordonnance de sortie • Fiche de liaison infirmière
Partie 3	Informations n'intervenant pas dans la prise en charge thérapeutique, recueillies auprès de tiers ou concernant de tels tiers

4 Éthique et déontologie médicale.

CINQ TITRES DU CODE DE DEONTOLOGIE MEDICALE

Titre	Descriptif	
I	Devoirs généraux des médecins	Liberté, responsabilité et indépendance professionnelle du médecin
II	Devoirs envers les patients	Primauté de la personne
III	Rapports des médecins entre eux et avec les membres des autres professions de santé	Confraternité
IV	De l'exercice de la profession	Liberté, responsabilité et indépendance professionnelle du médecin
V	Dispositions diverses	

5 Certificats médicaux. Décès et législation. Prélèvements d'organes et législation.

TYPE DE CERTIFICATS MEDICAUX

Partie	Descriptif
Prévus par la loi	• Certificat de coups et blessures • Certificat de naissance • Certificat de décès • Certificat prénuptial : supprimé depuis octobre 2007 • Certificat de déclaration obligatoire de certaines maladies • Certificat d'hospitalisation sans consentement • Certificat d'accident du travail • Certificat de déclaration de maladie professionnelle • Certificat d'arrêt de travail
Facultatifs	• Dispense scolaire • Grossesse

CLASSIFICATION DE L'INCAPACITE TOTALE DE TRAVAIL PERSONNELLE (ITT)

Type	Durée ITT	Descriptifs
Coups et blessures volontaires	Inférieure ou égale à 8 jours	• Qualification de l'infraction : contravention • Lieu du jugement : Tribunal de Police • Sanction : amende
	Supérieure à 8 jours	• Qualification de l'infraction : délit • Lieu du jugement : Tribunal Correctionnel • Sanction : amende et emprisonnement
Coups et blessures involontaires	Inférieure ou égale à 3 mois	• Qualification de l'infraction : contravention • Lieu du jugement : Tribunal de Police • Sanction : amende
	Supérieure à 3 mois	• Qualification de l'infraction : délit • Lieu du jugement : Tribunal Correctionnel • Sanction : amende et emprisonnement

PARTIES DU CERTIFICAT DE DECES

Partie		Descriptifs
1	**Supérieure nominative administrative**	• Commune du décès • Nom, prénom, âge et domicile du défunt • Date et heure de la mort • Caractère réel et constant de la mort • Date, signature et cachet du médecin • Existence ou non d'un obstacle médico-légal à l'inhumation (par exemple mort violente ou suspecte) • Eventuelle obligation de mise en bière immédiate : - Soit en cercueil simple : en cas de SIDA, mauvais état du corps, hépatites sauf hépatite A confirmée, rage, peste - Soit en cercueil hermétique : en cas de variole et autres orthopoxviroses, choléra, charbon, fièvres hémorragiques virales • Eventuel obstacle au don du corps • Eventuelle nécessité de prélèvements en vue de la recherche des causes du décès • Présence d'une prothèse fonctionnant au moyen d'une pile, devant être enlevée
2	**Inférieure médicale anonyme**	• Commune de décès • Date de décès • Date de naissance du défunt • Sexe du défunt • Causes et conditions du décès • Précisions diverses : - Grossesse - Accident du travail - Mort délictueuse - Maladie professionnelle

6 Hospitalisation sous contrainte.

MODES D'HOSPITALISATION

Age	Type
Adulte	• **Non spécifique à la psychiatrie :** hospitalisation **libre,** avec la possibilité de sortir contre avis médical • **Spécifique à la psychiatrie :** les hospitalisations **sous contrainte :** - **Hospitalisation sur Demande d'un Tiers (HDT) :** × A 24 h par un médecin psychiatre de l'établissement d'accueil × A J15 : certificat de quinzaine - **Hospitalisation d'Office (HO) :** × A 24 h par un médecin psychiatre de l'établissement d'accueil × A J15 : certificat de quinzaine × A J30 : certificat mensuel × Puis tous les trois mois
Enfant	Trois modes d'hospitalisation : • **L'hospitalisation avec accord parental :** - C'est le mode d'hospitalisation classique • **Hospitalisation d'office :** - En cas d'atteinte grave à l'Ordre public ou à la sûreté des personnes • **Ordonnance de placement provisoire :** - Qui met l'enfant sous la responsabilité de l'hôpital - En cas de suspicion de maltraitance - L'hospitalisation sur demande d'un tiers n'existe pas, car le mineur est toujours hospitalisé avec l'accord parental.

7 Responsabilité médicale.

QUATRE TYPES DE RESPONSABILITE

Type	Détails
Responsabilité recherchée à des fins d'indemnisation	• Responsabilité civile • Responsabilité administrative
Responsabilité recherchée à des fins de sanction	• Responsabilité pénale • Responsabilité disciplinaire ou ordinale

8 Organisation des systèmes de soins. Filières et réseaux.

TYPE DE SECTORISATION
LE SYSTEME CONVENTIONNEL FRANÇAIS

Type de secteur	Détails
1	Les médecins : • Pratiquent le tarif conventionnel, remboursé à leurs patients • Bénéficient d'un financement par l'Assurance Maladie d'une partie de leur protection sociale
2	Les médecins : • Pratiquent des honoraires libres, les dépassements étant à la charge des patients • Financent intégralement leurs cotisations sociales
3	• Les médecins pratiquent des honoraires libres, non remboursés au patient • Les prescriptions sont remboursées

9 Protection sociale. Consommation médicale et économie de la santé.

TYPES DE REGIMES DE LA SECURITE SOCIALE

Type	Descriptif	
Régime général	**Branche maladie**	• Au niveau national : la Caisse Nationale de l'Assurance Maladie des Travailleurs Salariés (CNAMTS) • Au niveau régional : Caisses Régionales d'Assurance Maladie (CRAM) • Au niveau local et départemental : Caisses Primaires d'Assurance Maladie (CPAM)
	Branche vieillesse	• Caisse Nationale d'Assurance Vieillesse (CNAV)
	Branche famille-maternité	• Au niveau national : la Caisse Nationale des Allocations Familiales (CNAF) • Au niveau local : les Caisses d'Allocations familiales (CAF)
	Branche recouvrement	• Agence centrale des organismes de sécurité sociale (ACOSS) • Unions de recouvrement des cotisations de sécurité sociale et d'allocations familiales (URSSAF)
Régime social des travailleurs indépendants	**Concerne les professions libérales**	
Régime agricole	**Concerne les exploitants et salariés agricoles**	
Autres	**Nombreux autres régimes spéciaux**	

TYPE DE PRESTATIONS DE LA SECURITE SOCIALE

Type	Détails	
Prestation en nature	**Remboursement des frais liés aux soins**	• Pour le risque maladie : ticket modérateur sauf en cas d'exonération (ALD 30 par exemple) • Pour le risque maternité : remboursement au tarif habituel jusqu'au sixième mois puis prise en charge à 100%, examens prénataux remboursés à 100% dès le début de la grossesse • Pour le risque invalidité : exonération du ticket modérateur
Prestation en espèces	**Revenus de remplacement du salaire de l'assuré**	• Pour le risque maladie : indemnités journalières lors d'un arrêt de travail • Pour le risque maternité : indemnités journalières pendant la durée légale du congé • Pour le risque invalidité : pension d'invalidité

10 Sujets en situation de précarité.

CLASSIFICATION DES MESURES DE PROTECTION

Type de mesures	Détails
Couverture maladie	• Couverture Maladie Universelle (CMU) de base • CMU complémentaire • Aide Médicale d'Etat (AME) • Aide Médicale d'Etat pour soins urgents
Principaux revenus et allocations	• RSA : Revenu de Solidarité Active • Allocation chômage • Allocations familiales • Pension d'invalidité • Allocation adulte handicapée • Allocation personnalisée d'autonomie
Protection médicale et accès aux dispositifs de santé	• Dispositifs de Santé Publique • Dispositifs de droit commun Dispositifs de soins gratuits

11 Le handicap mental : tutelle, curatelle, sauvegarde de justice.

Trois régimes principaux assurent la **protection juridique des majeurs :**

- **Sauvegarde de justice**
- **Tutelle**
- **Curatelle**

12 Mesure de l'état de santé de la population.

INDICATEURS DEMOGRAPHIQUES

Type	Détails et calcul
Taux brut de natalité	• $\frac{\text{Nombre de naissances vivantes}}{\text{Population moyenne de l'année}}$
Taux de fécondité	• $\frac{\text{Nombre de naissances vivantes par an}}{\text{Nombre de femmes en âge de procréer}}$
Espérance de vie	• **Nombre moyen d'années restant à vivre** pour les personnes d'un âge donné, compte tenu des taux actuels de mortalité par âge • Elle peut être calculée : - **A la naissance** - A un âge donné
Espérance de vie sans incapacité	• Nombre d'années qu'il reste normalement **à vivre en bonne santé** à une personne d'un âge donné, en l'absence de toute incapacité

INDICATEURS DE MORBIDITE

Type	Détails et calcul
Prévalence	$\frac{\text{Nombre de cas à un instant T}}{\text{Effectif total de la population exposée}}$ • Dépend : - De **la durée moyenne de la maladie** - De **la vitesse d'apparition des nouveaux cas**
Incidence	• $\frac{\text{Nombre de nouveaux cas pendant une période de temps}}{\text{Effectif total de la population exposée}}$ • Mesure la **vitesse d'apparition des nouveaux cas**

Taux d'attaque	• $\frac{\text{Nombre de nouveaux cas pendant une courte période de temps}}{\text{Effectif total de la population exposée}}$ • Représente une **incidence sur une courte période de temps**
Relation entre incidence et prévalence	• Si la maladie est stable dans le temps (incidence et durée constante) • **Prévalence = Incidence x Durée**

INDICATEURS DE MORTALITE

Type	Détails et calcul
Taux brut de mortalité	• $\frac{\text{Nombre de décès dans une population pendant une période donnée}}{\text{Effectif moyen de la population sur la même période}}$
Mortalité prématurée	• Survenue avant 65 ans • Elle comporte une part de **mortalité évitable** (50% de la mortalité prématurée serait évitable en France) : – Soit liée aux comportements à risque – Soit liée au système de soin
Mortalité fœto-infantile	• **Mortalité infantile :** – $\frac{\text{Nombre d'enfants décédés avant l'âge d'un an}}{\text{Nombre de naissances vivantes pendant la même année}}$ • **Mortinatalité :** – $\frac{\text{Nombre de fœtus nés sans vie après 28 SA pendant un an}}{\text{Nombre total de naissances pendant la même année}}$ • **Mortalité néo-natale :** – $\frac{\text{Nombre de nouveau-nés décédés avant 28 jours de vie pendant un an}}{\text{Nombre de naissances vivantes pendant la même année}}$ – Somme de la mortalité néonatale précoce (nouveau-nés décédés entre J0 et J7) et de la mortalité néonatale tardive (nouveau-nés décédés entre J7 et J28) • **Mortalité périnatale :** – $\frac{\text{Nombre de décès entre 28 SA et 7 jours de vie pendant un an}}{\text{Nombre total de naissance pendant la même année}}$ • **Mortalité post-natale :** – $\frac{\text{Nombre d'enfants décédés entre J28 et J365 pendant un an}}{\text{Nombre de naissances vivantes pendant la même année}}$

13 Interprétation d'une enquête épidémiologique.

MESURE DU RISQUE

Tableau de contingence :

	Sujets exposés E+	Sujets non exposés E-
Malades M+	a	b
Non malades M-	c	d

Calcul risque relatif et Odds ratio :

Type	Détails et calcul
Risque Relatif RR	• Rapport entre la probabilité d'être malade si on est exposé et la probabilité d'être malade si on n'est pas exposé • Mesuré par le rapport $\frac{a/(a+c)}{b/(b+d)}$ • Utilisé dans les **études de cohorte** • **Non utilisable dans les études cas/témoin,** car les deux populations sont indépendantes • Interprétation du RR : - Si RR = 1, pas de lien entre E et M - Si RR supérieur à 1, E est un facteur de risque - Si RR inférieur à 1, E est un protecteur
Odds ratio OR	• Exprimé par le rapport $\frac{ad}{bc}$ • **Estimation du RR** • Utilisable dans **tous les types d'enquête, dont les cas/témoin** • **Si la maladie est rare, OR est équivalent à RR**

Interprétation	**Interprétation de OR et de RR en fonction de l'intervalle de confiance :** • Intervalle de confiance à 95% d'un RR (ou OR) : intervalle dans lequel la probabilité d'avoir la vraie valeur du RR (ou OR) est de 95% • Interprétation : si 1 est dans l'intervalle de confiance, on ne peut pas conclure : – Soit l'étude manque de puissance – Soit il n'y a pas de lien entre E et M

14 Risques sanitaires liés à l'irradiation.

UNITES DE MESURE

Type	Détails et calcul
Dose absorbée (D)	• Energie absorbée par un volume divisée par la masse de ce volume • Unité : gray = 1 joule/kg
Dose équivalente (H)	• Effet biologique du rayonnement sur un tissu ou un organe donné • Unité : Sievert • H = D x W avec W facteur de pondération du rayonnement
Dose efficace (E)	• Effet biologique du rayonnement au niveau de tous les tissus et organes exposés • Correspond à la somme des doses équivalentes • Unité : Sievert

15 Epidémiologie et prévention des maladies transmissibles.

CLASSIFICATION DU TYPE DE MALADIES TRANSMISSIBLES

Type	Caractéristiques
Epidémie	• Nombre important de cas • Sur une période de temps limitée • Dans un espace limité • Exemple : épidémie saisonnière de grippe
Pandémie	• Nombre important de cas • Sur une période de temps limitée • Dans un espace illimité • Exemple : grippe espagnole
Endémie	• Nombre important de cas • Sur une période de temps illimitée • Dans un espace limité • Exemple : paludisme

16 Accidents du travail et maladies professionnelles.

CLASSIFICATION ET DIFFERENCES : ACCIDENTS DU TRAVAIL (AT) MALADIES PROFESSIONNELLES (MP)

Type	Accidents du travail (AT)	Maladies Professionnelles (MP)
Mode de début	• Début brutal • Soudaineté	• Début progressif • Souvent difficile à dater
Présomption	• Présomption d'imputabilité	• Pas de présomption d'imputabilité automatique, le salarié doit prouver qu'il satisfait aux conditions du tableau
Inclusion	• Pas de limitation de symptôme ou d'affection particulière	• Maladies, symptômes, délais, causes • Tableaux
Extension	• Extension aux accidents de trajet	• Peut être étendu aux maladies à caractère professionnel (CRRMP)

17 Thérapeutiques médicamenteuses et non médicamenteuse. Cadre règlementaire de la prescription thérapeutique et recommandations.

CLASSIFICATION DES MEDICAMENTS LISTES

Liste	Caractéristiques
I	Produits vénéneux à risque élevé pour la santé : • Cadre rouge de l'emballage • Ordonnance simple • Durée maximale de prescription 12 mois • Produits délivrés pour 1 mois maximum • Pas de renouvellement sauf indication à renouveler
II	Produits vénéneux à risque pour la santé : • Cadre vert de l'emballage • Ordonnance simple • Durée maximale de prescription 12 mois • Produits délivrés pour 1 mois maximum, sauf contraceptifs • Renouvellement sauf indication contraire
III	Stupéfiants : • Cadre rouge de l'emballage • Ordonnance sécurisée • Durée inférieure ou égale à 7 ou 14 ou 28 jours • Posologie en toutes lettres • Adresse du patient obligatoire

CLASSIFICATION DES MEDICAMENTS SOUMIS A PRESCRIPTION RESTREINTE

Type	Caractéristiques
Médicaments réservés à l'usage hospitalier	• Prescription rédigée par un médecin hospitalier • Délivrance effectuée par un pharmacien hospitalier • Administration dans une structure de soins
Médicaments à prescription hospitalière	• Prescription rédigée par un médecin hospitalier • Délivrance en ville ou à l'hôpital • Administration en ambulatoire
Médicaments à prescription initiale hospitalière	• Première prescription obligatoirement rédigée par un médecin hospitalier • Renouvellement effectué par n'importe quel médecin • Délivrance en ville ou à l'hôpital
Médicaments nécessitant une compétence particulière	• Première prescription obligatoirement rédigée par un médecin spécialiste • Renouvellement effectué par n'importe quel médecin • Délivrance en ville ou à l'hôpital • Ordonnance de médicaments d'exception
Médicaments nécessitant une surveillance particulière	• Prescription subordonnée à une surveillance paraclinique en raison d'une toxicité particulière

18 L'évaluation thérapeutique et le niveau de preuve.

CLASSIFICATION DES NIVEAUX DE PREUVE HAS

Niveau de preuve scientifique	Type	Grade des recommandations
1	• Essais comparatifs randomisés de forte puissance • Méta-analyse d'essais comparatifs randomisés • Analyse de décision basée sur des études bien menées	**A** **Preuve scientifique établie**
2	• Essais comparatifs randomisés de faible puissance • Etudes comparatives non randomisées bien menées • Etudes de cohorte	**B** Présomption scientifique
3	• Etudes cas/témoin	**C** Faible niveau de preuve scientifique
4	• Etudes comparatives comportant des biais importants • Etudes rétrospectives • Série de cas Etudes épidémiologiques descriptives	

19 Recherche d'un terrain à risque et adaptation thérapeutique. Interactions médicamenteuses.

CLASSIFICATION INDUCTEUR INHIBITEUR ENZYMATIQUE

Détails	Inducteur enzymatique	Inhibiteur enzymatique
Effet	Augmente le métabolisme hépatique d'un médicament	Diminue le métabolisme hépatique d'un médicament
Conséquence Biologique	Diminution de la concentration plasmatique de celui-ci	Augmentation de la concentration plasmatique de celui-ci

Principaux médicaments (listes non exhaustives)	• Anti-épileptiques : carbamazépine, phénytoïne • Antifongiques • Antirétroviraux • Rifampicine et rifabutine	• Macrolides • Anti-arythmiques • Antifongiques • Anti-protéases • Inhibiteurs calciques • Inhibiteurs de la recapture de la sérotonine

20 Iatrogénie. Diagnostic et prévention.

CRITERES IMPUTABILITE POUR LE DIAGNOSTIC DE IATROGENIE

Type	Caractéristiques	
Intrinsèque I	**Chronologique C**	• Délai compatible entre la prise du médicament et la survenue de l'effet • Arrêt des symptômes à l'arrêt du médicament • Récidive à la réintroduction
	Sémiologique S	• Caractère évocateur de la symptomatologie clinique • Résultat d'un examen complémentaire spécifique • Elimination d'une autre cause • Présence d'un facteur de risque connu
Extrinsèque B	**Bibliographique B**	• Compatibilité avec les données de la littérature • Notoriété de l'effet indésirable

Les critères d'imputabilité permettent de calculer un **score d'imputabilité.**
Le calcul du score faisant intervenir les variables I, B, C et S est peu tombable le jour de l'ECN. Pour plus de détails, vous pouvez consulter le KB module 11 à la question concernée.

PNEUMOLOGIE

Chapitre 9

1 Indication et stratégie d'utilisation des principaux examens d'imagerie.

EXPLORATIONS FONCTIONNELLES RESPIRATOIRES (EFR)

Volumes pulmonaires :

- VT = Volume courant (500 ml)
- VRE = Volume de Réserve Expiratoire (1,1 l)
- VRI = Volume de Réserve Inspiratoire (3 l)
- VR = Volume Résiduel (1,2 l)
- CV = Capacité Vitale = VT+VRI+VRE (4,6 l)
- CVF = Capacité Vitale Forcée et CVL = Capacité Vitale Lente
- CPT = Capacité Pulmonaire Totale = VR+CV (6 l)
- CRF = Capacité Résiduelle Fonctionnelle = VR+VRE (2,3 l)
- VEMS = Volume Expiré Maximal en 1 Seconde
- DEM = Débit Expiratoire Médian (interprétable si la CV est normale)
- DEP = Débit Expiratoire de Pointe (« peak flow »)

Résultats des EFR :

Type	Caractéristiques
Trouble ventilatoire obstructif	• Signification : diminution des débits et augmentation des résistances bronchiques • Définition : rapport VEMS/CVL < 70% (Tiffeneau) • TVO sévère : VEMS < 50% et/ou < 1 l • TVO réversible : – Modalités : inhalation de bronchodilatateurs (β2-agonistes ou anticholinergiques) et nouveau test 20 min après ou corticothérapie orale préparatrice pendant 15 jours – Résultats : augmentation du VEMS ou de la CV de 200 ml et de 12% des valeurs de base
Trouble ventilatoire restrictif	• Signification : diminution de la compliance pulmonaire • Définition : CPT < 80% de la théorique • Sévérité : légère (66-80%), modérée (50-65%), sévère (< 50%)

Trouble ventilatoire mixte	• Association d'un TVO et d'un TVR
Distension pulmonaire	• Définition : CPT > 120% de la théorique
Hyper-réactivité bronchique (H RB)	• Définition : diminution du VEMS > 20% après inhalation progressive d'un bronchoconstricteur (test de provocation bronchique avec un agoniste cholinergique type métacholine)

DLCO

- DLCO/VA (Diffusion Libre du CO/Volume de diffusion alvéolaire) :
  - Etude de la membrane alvéolo-capillaire par diffusion du monoxyde de carbone
  - Diminution : fibrose pulmonaire, liquide ou cellules intra-alvéolaires...

TM6 (TEST DE MARCHE DES 6 MINUTES) :

- Critères mesurés :
  - Distance parcourue (en mètres) en 6 minutes
  - Fréquence cardiaque
  - Saturation en oxygène +/- gazométrie artérielle avant/après l'effort
  - Sensation de dyspnée (Echelle visuelle analogique EVA)

2 Problèmes posés par les maladies génétiques.

TEST DE LA SUEUR

Positif	• Chlore sudoral > 60 mEq/l sur 2 examens concordants
Négatif	• Chlore sudoral < 60 mEq/l sur un des deux examens

3 Troubles du sommeil de l'enfant et de l'adulte.

CLASSIFICATION DU SYNDROME D'APNEES HYPOPNEES OBSTRUCTIVES DU SOMMEIL

Apnée	• Arrêt du débit aérien naso-buccal d'une durée > 10 s
Hypopnée	• Evènement d'une durée > 10 s + 1 des 2 propositions suivantes : - Diminution > 50% du débit aérien naso-buccal - Diminution < 50% ou aspect de plateau inspiratoire associé à une désaturation transcutanée > 3% et/ou à un micro-éveil

DEFINITION DU SYNDROME D'APNEES HYPOPNEES OBSTRUCTIVES DU SOMMEIL

Définition = critères A ou B + critère C

Type	Caractéristiques
A	Somnolence diurne (endormissement excessif, symptôme majeur)
B	Au moins 2 critères cliniques parmi : • Ronflement sévère et quotidien (ronchopathie) • Sensations d'étouffement ou de suffocation pendant le sommeil • Eveils répétés pendant le sommeil (fragmentation du sommeil) • Sommeil non réparateur • Fatigue/somnolence diurne • Difficultés de concentration • Nycturie (plus d'une miction par nuit) • Autre : céphalées matinales, apnées nocturnes avec reprise ventilatoire
C	Critère polysomnographique : • Apnées + Hypopnées ≥ 5/heure de sommeil (IAH : Index apnées hypopnées ≥ 5)

EVALUATION DE LA CONSOMMATION TABAGIQUE

Quantité	Nombre de paquets par jour x nombre d'année de consommation : • Quantifié en paquets-année (1 PA = 1 paquet fumé/jour pendant 1 an) • Pour rappel : 1 paquet = 20 cigarettes
Durée	• Addiction si consommation régulière > 1 mois

TEST DE FAGERSTRÖM - SCORE DE DEPENDANCE A LA NICOTINE

Questions	Réponses	Points
Dans quel délai après votre réveil fumez-vous votre première cigarette ?	≤ 5 minutes 6-30 minutes 31-60 minutes > 1 heure	**3** **2** **1** **0**
Trouvez-vous difficile de vous abstenir de fumer dans les lieux interdits ?	Oui Non	**1** **0**
Quelle cigarette trouvez-vous la plus indispensable ?	La première le matin N'importe quelle autre	**1** **0**
Combien de cigarettes fumez-vous par jour ?	≤ 10 (1/2 paquet) 11-20 (1 paquet) 21-30 > 30 (> 2 paquets)	**0** **1** **2** **3**
Fumez-vous à un rythme plus soutenu le matin que l'après-midi ?	Oui Non	**1** **0**
Fumez-vous même si une maladie vous oblige à rester au lit ?	Oui Non	**1** **0**

0-2 : pas de dépendance
3-4 : dépendance faible
5-6 : dépendance moyenne
7-8 : dépendance forte
9-10 : dépendance très forte

5 Coqueluche

PHASES DE LA COQUELUCHE

Phase	Durée	Caractéristiques
Catarrhale	**7-14 jours**	• Forte contagiosité • Toux sèche, spasmodique, nocturne, émétisante, rebelle aux antitussifs • Rhinite
Paroxystique des quintes	**4-5 semaines**	• Paroxysmes : ensemble de secousses thoraciques (toux), dans une même expiration, avec reprise inspiratoire longue et bruyante, visage bouffi cyanosé • Quinte : typiquement 5 paroxysmes sans reprise inspiratoire inter-critique (chant du coq), terminée par une expectoration blanchâtre • Prédominance nocturne des symptômes • Apyrexie
Convalescence	**4-5 semaines**	• Fréquence et intensité des quintes diminuées • Tic coqueluchoïde (toux persistante plusieurs mois)

SCORE DE GRAVITE DES PNEUMOPATHIES
SCORE DE FINE, SCORE CRB65

<table>
<tr><th>Facteurs de risque de mortalité = terrain</th><th>Nombre</th><th>Age ≤ 65 ans</th><th>Age > 65 ans</th></tr>
<tr><td rowspan="3">Âge > 65 ans
Insuffisance cardiaque congestive
Insuffisance respiratoire chronique, BPCO, mucoviscidose
Insuffisance rénale chronique
Maladie cérébro-vasculaire (AVC)
Alcoolisme, tabagisme
Drépanocytose
Immunodépression : corticothérapie et immunosuppresseurs dans les 6 mois, chimiothérapie dans les 6 mois, splénectomie, infection à VIH avec CD4 < 200/mm^3 +/- stade SIDA, dénutrition
Antécédents de pneumopathie bactérienne
Hospitalisation dans l'année, vie en institution
Mauvaises conditions socio-économiques</td><td>0</td><td colspan="2">Traitement Ambulatoire</td></tr>
<tr><td>1</td><td>Traitement ambulatoire</td><td>Hospitalisation</td></tr>
<tr><td>≥ 2</td><td colspan="2">Hospitalisation</td></tr>
</table>

Score CRB65

C	Syndrome Confusionnel
R	Fréquence Respiratoire > 30/min
B	Pression artérielle (Blood Pressure) PAS ≤ 90 mmHg (systolique) PAD ≤ 60 mmHg (diastolique)
65	Age ≥ 65 ans

0 critère : traitement ambulatoire possible

≥ 1 critère(s) : Evaluation à l'hôpital

Critères d'hospitalisation en réanimation

Majeurs	• Nécessité d'une ventilation mécanique (pneumopathie hypoxémiante) • Choc septique
Mineurs	• PAS ≤ 90 mmHg • PaO2/FiO2 < 250 • Atteinte multilobaire

1 critère majeur ou 2 critères mineurs = réanimation

7 Tuberculose.

INTERPRETATION IDR (INTRADERMOREACTION) A LA TUBERCULINE

Induration	**Age ≤ 15 ans**			**Age > 15 ans**
	BCG > 10 ans	**BCG < 10 ans**	**Pas de BCG**	
< 5 mm	**IDR négative**			
	Tuberculose-infection ancienne ou récente peu probable Traitement **NON**. Surveillance **M3**			
5-10 mm	**IDR positive**			
	Réaction due au BCG traiter **NON**	Réaction due au BCG ou tuberculose-infection Avis spécialisé	Tuberculose-infection Traiter **OUI**	Réaction due au BCG ou tuberculose-infection ancienne Traiter **NON** Surveillance **M3**
10-15 mm	**IDR positive**			
	Réaction due au BCG ou tuberculose-infection Avis spécialisé	Tuberculose-infection Traiter **OUI**		Tuberculose-infection probable Traiter **OUI** ou Surveillance **M3**
≥ 15 mm	**IDR positive**			
	Tuberculose-infection récente Traiter **OUI**			Tuberculose-infection probable récente Traiter **OUI**

8 Allergies respiratoires chez l'enfant et chez l'adulte.

CLASSIFICATION OMS DES RHINITES ALLERGIQUES

Rhinite intermittente	Rhinite persistante
• Symptômes < 4 jours/semaine • Ou symptômes < 4 semaines consécutives	• Symptômes > 4 jours/semaine • Ou symptômes > 4 semaines consécutives

9 Pneumopathie interstitielle diffuse.

CRITERES DIAGNOSTIQUES DE FIBROSE PULMONAIRE IDIOPATHIQUE

Critères	Contenu
Majeurs	• Anamnèse : exclusions d'autres causes (médicaments, vascularite, connectivite) • EFR : trouble ventilatoire restrictif et diminution de la DLCO • TDM : opacités réticulaires à prédominance basale, peu de verre dépoli • Histologie : élimination d'autres causes
Mineurs	• Age > 50 ans • Evolution > 3 mois (PID chronique) • Dyspnée d'effort progressive • Râles crépitants velcro bi-basaux

Diagnostic = totalité des critères majeurs et ≥ 3 critères mineurs

10 Sarcoïdose.

STADIFICATION RADIOLOGIQUE DE L'ATTEINTE MEDIASTINO-PULMONAIRE

Stades	Atteinte médiastino-pulmonaire	Fréquence	Guérison
0	Radiographie thoracique normale	10%	-
I	Adénopathies médiastinales isolées : Hilaires, symétriques, non compressives	50%	80%
II	Association : Adénopathies + syndrome interstitiel	15%	60%
III	Opacités interstitielles diffuses isolées: Sans adénopathies ni fibrose	20%	30%

11 Tumeurs du poumon.

CLASSIFICATION TNM DES CBNPC

Tumeur	
T1	Tumeur de **diamètre ≤ 3 cm**, entourée par le poumon ou la plèvre viscérale, sans envahissement endoscopique au-delà de la bronche lobaire.
T2	Tumeur de **diamètre 3 < Ø ≤ 5 cm (T2a)** ou **5 < Ø ≤ 7 cm (T2b)** ou présentant les caractéristiques suivantes : • Atteinte de la **bronche souche à > 2 cm de la carène**. • Invasion de la plèvre viscérale. • Atélectasie ou pneumopathie obstructive s'étendant à la région hilaire ne touchant pas tout le poumon.
T3	Tumeur de **diamètre > 7 cm** ou présentant les caractéristiques suivantes : • **Envahissement de** : paroi thoracique (syndrome de Pancoast-Tobias), diaphragme, nerf phrénique, plèvre médiastinale, pleural ou pariétal ou péricarde. • Atteinte de **la bronche souche à ≤ 2 cm de la carène** sans l'envahir. • **Atélectasie** ou pneumopathie obstructive du **poumon entier**.

	• Présence d'un **nodule tumoral distinct dans le même lobe**.
T4	Tumeur de toute taille envahissant une des structures suivantes : • **Médiastin**, cœur, grands vaisseaux, trachée, nerf laryngé récurrent, œsophage, corps vertébral, carène. • Présence d'un nodule **tumoral distinct dans un autre lobe du poumon atteint**.
Adénopathies	
N0	Pas d'envahissement ganglionnaire régional.
N1	Adénopathies malignes intrapulmonaires, péribronchiques et/ou **hilaires homolatérales**.
N2	Adénopathies malignes **médiastinales homolatérales et/ou souscarinaires**.
N3	Adénopathies malignes **médiastinales controlatérales, hilaires controlatérales**, scalènes ou sous-claviculaires homo- ou contro-latérales.
Métastases	
M0	Pas de métastase à distance
M1	• **Métastase à distance**. • **Nodule tumoral distinct dans un lobe controlatéral**. • **Epanchement pleural ou péricardique** malins. • Nodules pleuraux malins.

Stade I	T1-**2a** N0 M0
Stade II	T2a **N1** M0 ; T**2b** N0-1 M0 ; **T3** N0 M0
Stade IIIa	**T1-3 N1-2** M0 ; **T4 N1** M0
Stade IIIb	**T4 N2** M0 ; T1-4 **N3** M0
Stade IV	T1-4 N0-3 **M1**

CLASSIFICATION TNM DES CBNPC

Maladie localisée (atteinte pulmonaire accessible à un seul champ d'irradiation)	• Tumeur touchant un seul poumon • Ganglions hilaires et médiastinaux homolatéraux et controlatéraux, susclaviculaire homolatéraux
Maladie étendue	• Tumeur bilatérale • Atteinte du péricarde, • Pleurésie carcinomateuse • Ganglions bilatéraux • Métastases à distance

12 Dyspnée aiguë et chronique.

CLASSIFICATION DE L'INTENSITE DE LA DYSPNEE

Stade	Classification NYHA (New-York Heart Association)	Classification M. R. C. (Medical Research Council)
	-	Dyspnée pour les efforts soutenus (monter 2 étages)
I	Aucune limitation d'effort physique	Dyspnée lors de la marche rapide ou en pente
II	Dyspnée aux efforts les plus intenses de la vie quotidienne (marche rapide)	Dyspnée à la marche sur terrain plat en suivant quelqu'un de son âge ou obligeant à s'arrêter pour reprendre son souffle en marchant sur terrain plat à son propre rythme
III	Dyspnée aux efforts légers	Dyspnée obligeant à s'arrêter pour reprendre son souffle après quelques minutes ou une centaine de mètres sur terrain plat
IV	Dyspnée de repos ou au moindre effort (parole)	Dyspnée au moindre effort de la vie courante (habillage) ou trop essoufflé pour quitter le domicile
Spécialités de prédilection	**Cardiologie**	**Pneumologie**

CLASSIFICATION DE LA SEVERITE DE L'ASTHME GLOBAL INITIATIVE FOR ASTHMA 2006

Asthme	Intermittent	Persistant léger	Persistant modéré	Persistant sévère
Symptômes diurnes	< 1/semaine	≥ 1/s et ≤ 1/j	1/jour	Permanents
Symptômes nocturnes	< 2/mois	≥ 2/m et < 1/s	≥ 1/s	Fréquents
Mesures DEP	≥ 80%	≥ 80%	60-80%	≤ 60%
Variations DEP	< 20%	20-30%	> 30%	> 30%
Activités	Normale	+/- Normale	Perturbée	Limitée

PALIERS THERAPEUTIQUES - TRAITEMENT DE FOND DE L'ASTHME GLOBAL INITIATIVE FOR ASTHMA 2008

<table>
<tr><th>Palier 1</th><th>Palier 2</th><th>Palier 3</th><th>Palier 4</th><th>Palier 5</th></tr>
<tr><td rowspan="3">Aucun</td><td>CSI faible dose</td><td>CSI faible dose et β2+ LDA</td><td>CSI dose moyenne à élevée et β2+ LDA</td><td>Corticothérapie orale à dose minimale</td></tr>
<tr><td rowspan="2">Anti-leucotriène</td><td>CSI dose moyenne à élevée</td><td>Anti-leucotriène seul ou associé à un CSI</td><td rowspan="2">Ac anti-IgE</td></tr>
<tr><td>CSI faible dose et anti-leucotriène</td><td>Théophylline LP</td></tr>
</table>

Initiation du traitement de fond
• Patient naïf (sans traitement de fond) avec critères de bon contrôle : palier 1 • Patient naïf avec asthme persistant léger : palier 2 • Patient naïf avec asthme persistant modéré à sévère : palier 3
Mesures associées au traitement de fond
• Education thérapeutique • Prise en charge à 100% (asthme sévère), association de malades • Contrôle de l'environnement : arrêt du tabagisme actif/passif, éviction des allergènes • Traitement d'un RGO, d'une rhinite allergique, d'un foyer infectieux • Vaccinations anti-grippale annuelle et antipneumococcique tous les 5 ans • Exercice physique régulier adapté • Traitement de crise : β2+ AR à la demande

CONTROLE DE L'ASTHME
GLOBAL INITIATIVE FOR ASTHMA 2008

Niveau de contrôle	Contrôlé	Contrôle partiel	Non contrôlé
Symptômes diurnes	≤ 2/semaine	> 2/semaine	≥ 3 critères de contrôle partiel lors d'une même semaine
Limitation des activités	Aucune	Quelquefois	
Symptômes nocturnes	Aucun	Quelquefois	
Utilisation de β2+ AR	≤ 2/semaine	≥ 3/semaine	
EFR (DEP ou VEMS)	normal	< 80%*	
Exacerbations	Aucune	≥ 1/an	

CLASSIFICATION DE LA BPCO GOLD 2006

<table>
<tr><th>Stade I
BPCO
légère</th><th>Stade II_A
BPCO
Modérée</th><th>Stade II_B
BPCO
sévère</th><th>Stade III
BPCO
Très sévère</th></tr>
<tr><td>**VEMS/CV < 70%**
VEMS > 80%
+/- symptomatique</td><td>VEMS/CV < 70%
50 < VEMS ≤ 80%
+/- symptomatique</td><td>VEMS/CV < 70%
30 < VEMS ≤ 50%
symptomatique</td><td>VEMS/CV < 70%
VEMS ≤ 30%
VEMS ≤ 50% + insuffisance respiratoire chronique (PaO_2 < 60 mmHg ou signes d'HTAP)</td></tr>
<tr><td colspan="4">Suppression des facteurs d'aggravation : **arrêt du tabac**, éviction d'un toxique
Vaccination, exercice physique, **éviction des foyers infectieux**, éducation</td></tr>
<tr><td></td><td colspan="3">**Réhabilitation respiratoire, kinésithérapie respiratoire**
Bronchodilatateurs (β_2-agonistes et anticholinergiques) de longue durée d'action +/- d'action rapide à la demande</td></tr>
<tr><td colspan="2"></td><td colspan="2">**Corticothérapie inhalée**
Si exacerbations fréquentes</td></tr>
<tr><td colspan="3"></td><td>**Oxygénothérapie** de longue durée si besoin</td></tr>
</table>

15 Pneumothorax.

STADIFICATION RADIOLOGIQUE DU PNEUMOTHORAX

Quantification

Type	Caractéristiques
Petit	• Décollement < 3 cm à l'apex
Moyen	• Décollement > 3 cm à l'apex
Complet	• Décollement total • Collapsus pulmonaire au hile

Gravité

Stade	Caractéristiques
1	• **Pneumothorax compressif** : refoulement médiastinal controlatéral
2	• Hémo-pneumothorax : **niveau hydro-aérique** horizontal
3	• Pneumothorax **bilatéral**/Pneumothorax sur **poumon unique**
4	• **Bride** pleurale : raccord entre parenchyme et plèvre pariétale (risque de rupture et d'hémothorax en 2 temps)
5	• **Parenchyme** pulmonaire sous-jacent **pathologique** : emphysème, pneumopathie infiltrative (risque de mauvaise tolérance)

16 Epanchement pleural liquidien.

CRITERES DE LIGHT : ANALYSE BIOLOGIQUE DU LIQUIDE PLEURAL

Type de pleurésie	Transsudats	Exsudats
Physiopathologie	**Nature mécanique**	**Nature inflammatoire**
Macroscopie	Aspect clair	Aspect trouble
Protides pleuraux	**< 30 g/l**	**> 30 g/l**
Protides pleuraux/sériques	< 0,5	> 0,5
LDH pleuraux	< 200 µ/l	> 200 µ/l
LDH pleuraux/sériques	< 0,6	> 0,6
Cytologie	**< 1.000 éléments/µl**	**> 1.000 éléments/µl**

17 Toux chez l'enfant et chez l'adulte.

CRITERES CARACTERISTIQUES D'UNE TOUX

Critères	Caractéristiques
Aiguë	• **≤ 3 semaines**
Chronique	• **> 3 semaines**

OPHTALMOLOGIE Chapitre 10

1 Suivi d'un nourrisson, d'un enfant et d'un adolescent normal. Dépistage des anomalies, médecine scolaire.

ACQUISITIONS VISUELLES

Age	Acquisitions
Nouveau-né	• Réflexe photomoteur • Fermeture oculaire en lumière forte
1 mois	• Fixation et poursuite oculaire des objets
3 mois	• Sourire-réponse, reconnaissance du visage maternel • Synergie oculo-céphalique
5 mois	• Coordination œil-tête-main
6 ans	• Acuité visuelle finale de 10/10ème en l'absence de trouble visuel

2 Hypertension artérielle de l'adulte.

CLASSIFICATION DE KIRKENDALL
RETINOPATHIE HYPERTENSIVE/ARTERIOSCLEROSE RETINIENNE

Stade	Aigu	Chronique
I	Rétrécissement artériolaire diffus	Signe du croisement artério-veineux
II	Stade I + Occlusion artériolaire : • Hémorragies rétiniennes • Nodules cotonneux • Exsudats secs	Stade I + Rétrécissement artériolaire en regard
III	Stade II + Oedème papillaire	Stade II + Engainement vasculaire Occlusion d'une branche de la veine centrale de la rétine

3 Anomalie de la vision d'apparition brutale.

COTATION DE L'ACUITE VISUELLE SUBJECTIVE

Type	Caractéristiques
De loin	• Echelle de Monoyer • De 1/20ème à 10/10ème (normal)
De près	• Echelle de Parinaud • De P14 à P2(normal)

4 Diabète sucré de types 1 et 2 de l'enfant et de l'adulte.

STADES DE LA RETINOPATHIE DIABETIQUE

Stades	Clinique
Pas de rétinopathie diabétique	FO normal
Rétinopathie diabétique non proliférante	Minime, modérée ou sévère Devient **sévère ou pré-proliférante** quand elle répond aux trois critères suivants (4, 2, 1) : • Hémorragies rétiniennes en taches dans les 4 quadrants • Anomalies veineuses en chapelets dans au moins 2 quadrants • AMIR (anomalies micro-vasculaires intra-rétiniennes) dans au moins 1 quadrant
Rétinopathie diabétique proliférante non compliquée	Néo-vaisseaux non compliqués pré-rétiniens et/ou pré-papillaires
Rétinopathie diabétique proliférante compliquée	• Hémorragie intra-vitréenne • Décollement de rétine tractionnel • Glaucome néo-vasculaire secondaire à l'envahissement de l'angle irido-cornéen par les néo-vaisseaux

CLASSIFICATION ANATOMIQUE DES NERFS OCULOMOTEURS

Nerfs		Fonctions
III	Extrinsèque	• Droit médial : regard en dedans • Oblique inférieur : regard en haut et en dedans • Droit supérieur : en haut • Droit inférieur : en bas • Muscle releveur de la paupière supérieure : ptôsis si muscle atteint
	Intrinsèque	• Sphincter pupillaire : myosis (mydriase si nerf atteint) • Accommodation
IV		• Muscle oblique supérieur pour le regard en bas et en dedans
VI		• Muscle droit latéral pour le regard en dehors

NEPHROLOGIE
Chapitre 11

1 Infection urinaire de l'enfant et de l'adulte. Leucocyturie.

SEUILS DE SIGNIFICATIVITÉ DE L'ECBU

Leucocyturie	≥ 10^4 éléments/mL (ou 10/mm3)
Hématurie (inconstante)	≥ 10^4 éléments/mL (ou 10/mm3)
Bactériurie	≥ 10^3 UFC/mL pour les cystites aiguës à e. coli, et autres entérobactéries (Proteus, Klebsielles)
	≥ 105 UFC/mL pour cystite aiguë à autres germes
	≥ 104 UFC/mL pour pyélonéphrites et prostatites

2 Lupus érythémateux disséminé. Syndrome des anti-phospholipides.

CLASSIFICATION DE LA NEPHROPATHIE LUPIQUE

Type	Mécanisme
I	Glomérule normal en MO et IF ou LGM
II	Glomérulonéphrite mésangiale pure
III	Glomérulonéphrite proliférative segmentaire et focale
IV	Glomérulonéphrite proliférative diffuse
V	Glomérulonéphrite extra-membraneuse
VI	Sclérose glomérulaire

CRITERES DIAGNOSTIQUES DU LUPUS
CLASSIFICATION ACR DU LES (1997) OU CRITERES DE L'ARA (1982)

Diagnostic de lupus si ≥ 4 critères :

- **Eruption malaire** en ailes de papillon ou rash malaire ou vespertilio
- **Eruption du lupus discoïde**
- **Photosensibilité**
- **Ulcérations buccales ou nasopharyngées**
- **Arthrite** non érosive touchant ≥ 2 articulations
- Pleurésie ou péricardite
- **Protéinurie > 0,5 g/24 h** ou cylindres urinaires
- **Convulsions ou psychose**
- **Atteinte hématologique**
  - Anémie hémolytique ou leucopénie (< 4.000/mm³) à 2 reprises
  - Ou lymphopénie (< 1.500/mm³) à 2 reprises
  - Ou thrombopénie (< 100.000/mm³)
- **Désordre immunologique** : présence d'anticorps anti-ADN natif ou d'anti-Sm ou d'antiphospholipides
  - **Anti-ADN natif positif** à un taux anormal
  - Ou présence **d'anticorps anti-Sm**
  - Ou titre anormal d'anticorps anticardiolipines IgG ou IgM
  - Ou présence d'une antiprothrombinase
  - Ou fausse sérologie syphilitique positive connue depuis ≥ 6 mois (VDRL+, TPHA-)
- Présence de **facteurs antinucléaires** à un titre anormal en l'absence de médicament inducteur :
  - Titre anormal d'anticorps antinucléaires en immunofluorescence
  - Ou technique équivalente à n'importe quel moment de l'évolution, en l'absence de médicament inducteur de lupus
- Hypocomplémentémie : dosage CH50, C3, C4

3 Transplantation d'organes : aspects épidémiologiques et immunologiques ; principes de ttt et surveillance ; complications et pronostic.

CRITERES DE L'ÉTAT DE MORT ENCÉPHALIQUE

Critères	Détails
Cliniques	Abolition totale : • De la conscience et l'activité motrice spontanée • Des réflexes du tronc cérébral • De la ventilation spontanée
Paracliniques	• 2 EEG nuls et aréactifs de 30 minutes à 4 heures d'intervalle confirmé par deux médecins différents en l'absence d'hypothermie, de prise de barbiturique • Ou absence de circulation encéphalique sur angioscanner ou angiographie cérébrale

Diagnostic = 3 critères cliniques + 1 critère paraclinique

4 Hypertension artérielle de l'adulte.

CRITERES DE TRAITEMENT DE L'HTA ESSANTIELLE

Objectif :

- PAS < 140 et PAD < 90 mmHg
- PAS < 130 et PAD < 80 mmHg et protéinurie < 0,5g/j si néphropathie et/ou diabète

Traitement :

- **Règles hygiéno-diététiques (RHD) :**
  - Limiter la consommation d'alcool
  - Lutte contre la sédentarité : exercice physique régulier
  - Perte de poids si IMC > 25
  - Régime pauvre en : sel 6g/j, lipides, sucres rapides
    Régime riche en acides gras poly-insaturés, fruits et légumes

- Traitement médicamenteux (recommandations HAS) :

<table>
<tr><th>Nombre de FDRCV</th><th>HTA grade 1
PA 140-159/90-99mmHg</th><th>HTA grade 2
PA 160-179/100-109mmHg</th><th>HTA grade 3
PA ≥ 180/110mmHg</th></tr>
<tr><td>0</td><td>RHD
6 mois
Puis ttt médicamenteux si objectif non atteint</td><td>RHD
3 mois
Puis ttt médicamenteux si objectif non atteint</td><td rowspan="3">RHD et ttt médicamenteux d'emblée</td></tr>
<tr><td>1 ou 2</td><td colspan="2">RHD 1 à 3 mois
Puis ttt médicamenteux si objectif non atteint</td></tr>
<tr><td>≥ 3
ou diabète
ou
néphropathie
ou
cardiopathie
ou
retentissement</td><td colspan="2">RHD
Ttt médicamenteux d'emblée</td></tr>
</table>

5 Troubles de l'équilibre acido-basique et désordres hydro-électrolytiques.

CRITERES DE DESHYDRATATION EXTRACELLULAIRE

Etiologies	Critères
Pertes extra-rénales	• Na U < 20 mmol/L • Na/K U < 1 • Oligurie, urines concentrées
Pertes rénales	• Na U > 20 mmol/L • Na/K U > 1 • Diurèse conservée, urines claires

Calcul du déficit hydrosodé si perte de poids inconnue :

- 0,2 x poids actuel x (Hte actuelle-0,45)/0,45

CRITERES DES TROUBLES ACIDO-BASIQUES

Type	Mécanisme initial	Mécanisme compensatoire
Acidose métabolique	Diminution des bicarbonates	Diminution de la capnie
Acidose respiratoire	Augmentation de la capnie	Augmentation des bicarbonates
Alcalose métabolique	Augmentation des bicarbonates	Augmentation de la capnie
Alcalose respiratoire	Diminution de la capnie	Diminution des bicarbonates

<table>
<tr><th>Type</th><th>HCO3-</th><th>pCO2</th></tr>
<tr><td>Acidose métabolique</td><td>< 22 mmol/L</td><td>< 38 mm Hg</td></tr>
<tr><td>Acidose respiratoire</td><td rowspan="2">> 24 mmol/L</td><td rowspan="2">> 42 mm Hg</td></tr>
<tr><td>Alcalose métabolique</td></tr>
<tr><td>Alcalose métabolique</td><td>< 22 mmol/L</td><td>< 38 mm Hg</td></tr>
</table>

CALCUL DU TROU ANIONIQUE (ACIDOSE METABOLIQUE)

Type	Critères
Trou anionique plasmatique	$TA_p = Na^+ - (Cl^- + HCO_3^-) = 12 +/- 4$ **mmol/L**
Trou anionique urinaire	$TA_u = Na^+_u + K^+_u - Cl^-_u$

6 Diabète sucré de types 1 et 2 de l'enfant et de l'adulte.

CLASSIFICATION DE MÖGENSEN (NEPHROPATHIE DIABETIQUE)

Stade	Délai	Atteinte	Symptômes	Histologie
1	-	Hyperfiltration glomérulaire	Hypertrophie rénale Elévation du DFG	Hypertrophie glomérulaire
2	2-5 ans	Lésions histologiques débutantes	Asymptomatique	
3	5-10 ans	Néphropathie incipiens	Microalbuminurie	Expansion mésangiale
4	10-20ans	Néphropathie avérée	Protéinurie HTA Insuffisance rénale Syndrome néphrotique	Nodules de Kimmelstiel Wilson Lésions artériolaires
5	> 20 ans	Insuffisance rénale chronique terminale	IRCT Protéinurie Syndrome néphrotique	Fibrose interstitielle et destruction des glomérules (pains à cacheter)

7 Insuffisance rénale chronique.

FORMULE DE COCKROFT ET GAULT

- Cl créat (mL/min) = (140-âge)x poids x k/créatininémie
- Âge en années, Poids en kg, Créatininémie en µmol/L
- k = 1,23 (homme) - 1,04 (femme)

FORMULE MDRD (MODIFICATION OF DIET IN RENAL DISEASE STUDY)

- DFG (mL/min/1,73m^2)=186,3x[créatininémie (µmol/L)x0,085]-1,154xâge-0,203
- X 0,742 si femme
- X 1,18 si afro-américain

STADIFICATION DU DEGRE D'INSUFFISANCE RENALE

Stade	Degré d'insuffisance rénale (ancienne classification)	DFG (mL/min/1,73 m^2)
1	Maladie rénale chronique Fonction rénale normale	> ou = 90
2	Légère	60-90
3	Modérée	30-60
4	Sévère	15-30
5	Terminale	< 15

8 Néphropathie glomérulaire.

CLASSIFICATION DES SYNDROMES - NEPHROLOGIE

Syndrome néphrotique	• Protéinurie > 3g/24h • Et Albuminémie < 30g/L • Et/ou protidémie < 60g/L
Syndrome néphritique aigu	• OMI • HTA • IR < 48h • Hématurie macroscopique (bouillon sale) • Ou microscopique de fort débit
Glomerulonéphrite rapidement progressive (GNRP)	• Hématurie microscopique de fort débit ou macroscopique • IR rapidement progressive • Protéinurie glomérulaire • Peu ou pas d'HTA • Peu ou pas d'OMI
Hématuries macroscopiques récidivantes	• Hématuries macroscopiques récidivantes
Glomerulonéphrite chronique	• Terminale Protéinurie glomérulaire • Hématurie • >3mois

9 Polykystose rénale.

CRITÈRES DIAGNOSTIQUES ÉCHOGRAPHIQUES

Âge	Nombre de kystes
< 30 ans	Au moins 2 (uni ou bilatéraux)
30-60 ans	Au moins 2 dans chaque rein
> 60 ans	Au moins 4 dans chaque rein

UROLOGIE

Chapitre 12

1 Tumeurs de la prostate.

SCORE HISTOPRONOSTIQUE DU CANCER DE PROSTATE
SCORE DE GLEASON

Critère	Détails
Définition	• Définit le degré de différenciation de la tumeur • Correspond à la somme du grade histologique de Gleason, qui va de 1 (bien différencié) à 5 (non différencié) des 2 composantes tumorales les plus représentées • Présentation des résultats : score total (maximum = 10) avec le détail (… + …) • Facteur pronostic essentiel : plus le score est élevé et moins la tumeur est différenciée
Cotation	• 2 à 4 : tumeur bien différenciée donc de bon pronostic • Bon pronostic si score < 7 (ou = à 7 avec 4 non majoritaire (soit 3+4)) • 8 à 10 : tumeur indifférenciée donc de mauvais pronostic

CLASSIFICATION TNM 2002 DU CANCER DE LA PROSTATE

	Tumeur
Tx	Tumeur primitive non évaluée
T0	Tumeur primitive non retrouvée
T1	Tumeur ni palpable (TR normal) ni visible en imagerie : • T1a : tumeur occupant moins de 5% du tissu réséqué • T1b : tumeur occupant plus de 5% du tissu réséqué • T1c : tumeur découverte sur une biopsie prostatique réalisée pour PSA anormal
T2	Tumeur limitée à la prostate (apex et capsule compris) => TR anormal : • T2a : tumeur concernant la moitié d'un lobe ou moins • T2b : tumeur concernant plus de la moitié d'un lobe • T2c : tumeur concernant les deux lobes
T3	Extension extra-capsulaire : • T3a : extension extra capsulaire uni- ou bilatérale • T3b : extension aux vésicules séminales
T4	Extension aux organes adjacents (col vésical, sphincter urétral, rectum) ou tumeur fixée à la paroi pelvienne
	Adénopathies
Nx	Ganglions régionaux non évalués
N0	Absence de métastase ganglionnaire régionale
N1	Atteinte ganglionnaire régionale
	Métastases
Mx	Métastases à distance non évaluées
M0	Absence de métastase à distance
M1	Métastases à distance : • M1a : ganglions non régionaux • M1b : os (cancer très ostéophile) • M1c : autres sites avec ou sans atteinte osseuse

2 Tumeurs du rein.

CLASSIFICATION TNM

Tumeur	
T1	Tumeur inférieure ou égale à 7 cm de grand axe, limitée au rein
T2	Tumeur supérieure à 7 cm de grand axe, limitée au rein
T3	Tumeur étendue à la veine rénale, ou à la surrénale, ou à la graisse périrénale mais sans dépassement du fascia de Gérota • T3a : tumeur étendue à la surrénale ou à la graisse périrénale mais sans dépassement du fascia de Gérota • T3b : tumeur étendue macroscopiquement à la veine rénale ou à la veine cave sous-diaphragmatique • T3c : tumeur étendue macroscopiquement à la veine cave sus-diaphragmatique
T4	Tumeur envahissant le fascia de Gerota
Adénopathies (hilaires, para-aortiques abdominaux et paracaves)	
N0	Absence de métastase ganglionnaire régionale
N1	Métastase ganglionnaire régionale unique
N2	Plus d'une métastase ganglionnaire régionale
Métastases	
M0	Absence de métastase
M1	Métastase à distance

3 Tumeurs du testicule.

CLASSIFICATION TNM 2002 DU CANCER DE LA VESSIE

T : « Tumor » (après examen anatomo-pathologique)	
pTx	Tumeur primitive non évaluée
pT0	Tumeur primitive non retrouvée
pTis	Carcinome in situ
pTa	Cancer limité à la muqueuse vésicale ne franchissant pas la membrane basale
pT1	Cancer franchissant la membrane basale mais limité au chorion
pT2	Cancer infiltrant la musculeuse • pT2a : musculeuse superficielle • pT2b : musculeuse profonde
pT3	Cancer infiltrant la graisse péri-vésicale
pT4	Extension aux organes adjacents (prostate, utérus, vagin, rectum) ou tumeur fixée à la paroi pelvienne
Adénopathies	
pNx	Ganglions régionaux non évalués
pN0	Absence de métastase ganglionnaire régionale
pN1	Adénopathie < 2 cm de plus grand axe
Pn2	Adénopathie(s) ≤ 5 cm de plus grand axe
PN3	Adénopathie(s) > 5cm de plus grand axe
Métastases	
Mx	Métastases à distance non évaluées
M0	Absence de métastase à distance
M1	Métastases à distance

4 Tumeurs vésicales, carcinomes urothéliaux.

CLASSIFICATION TNM 2002 DU CANCER DE LA VESSIE

T : « Tumor » (après examen anatomo-pathologique)	
pTx	Tumeur primitive non évaluée
pT0	Tumeur primitive non retrouvée
pTis	Carcinome in situ
pTa	Cancer limité à la muqueuse vésicale ne franchissant pas la membrane basale
pT1	Cancer franchissant la membrane basale mais limité au chorion
pT2	Cancer infiltrant la musculeuse • pT2a : musculeuse superficielle • pT2b : musculeuse profonde
pT3	Cancer infiltrant la graisse péri-vésicale
pT4	Extension aux organes adjacents (prostate, utérus, vagin, rectum) ou tumeur fixée à la paroi pelvienne
N : « Nods » Ganglions régionaux (rétropéritonéaux)	
pNx	Ganglions régionaux non évalués
pN0	Absence de métastase ganglionnaire régionale
pN1	Adénopathie < 2 cm de plus grand axe
Pn2	Adénopathie(s) ≤ 5 cm de plus grand axe
PN3	Adénopathie(s) > 5cm de plus grand axe
M : « Métastases »	
Mx	Métastases à distance non évaluées
M0	Absence de métastase à distance
M1	Métastases à distance

5 Hypertrophie bénigne de la prostate.

SCORE IPSS (AUTO-QUESTIONNAIRE)
EVALUER LE RETENTISSEMENT SUR LA QUALITE DE VIE

Résultats	Critères
0 (minimum) - 7	Symptômes légers
8 - 19	Symptômes modérés
20 – 35 (maximum)	Symptômes sévères

6 Troubles de la miction.

CRITERES DU BILAN URODYNAMIQUE

Résultats	Critères
Débitmétrie	Observation du débit urinaire au cours de la miction avec : • Le débit maximal : obstruction significative si < 15 ml/s • Le débit moyen • Le volume uriné • La durée • L'aspect global de la courbe
Cysto manométrie	Mesure de la pression intra-vésicale au cours du remplissage vésical et de la miction, avec les informations suivantes : • Capacité vésicale fonctionnelle (= volume vésical total) • Compliance vésicale • Sensibilité vésicale (sensation de besoin d'uriner) • Contractilité vésicale : vessies stables et instables (ou hyperactives)
Profil de pression urétrale (profilométrie)	• Mesure de la pression urétrale en chaque point de l'urètre • Permet de diagnostiquer une insuffisance sphinctérienne
Electromyographie du sphincter strié	• Permet de diagnostiquer une insuffisance sphinctérienne et une dysynergie vésico-sphinctérienne

ORTHOPEDIE

Chapitre 13

1 Evaluation de la gravité et recherche de complications précoces : brûlé, polytraumatisé, trauma crânio-facial, trauma abdo, trauma des membres...

CLASSIFICATION DE LA CONTAMINATION DES PLAIES CUTANEES

Délai d'ouverture	Critères
Ouverture < 6 heures	Contaminée
Ouverture > 6 heures	Infectée

CLASSIFICATION DE LA GRAVITE DES PLAIES CUTANEES CAUCHOIX ET DUPARC - GUSTILLO

Stade	Classification de Cauchoix et Duparc	Classification de Gustillo
I	Suturable sans tension	Plaie < 1 cm et propre
II	Suturable avec tension	Plaie > 1 cm sans dommage extensif des parties molles
III	Non suturable	Plaie avec dommage extensif des parties molles : • III A : couverture possible de l'os fracturé par les parties molles • IIIB : pas de couverture possible • IIIC : plaie avec complication vasculaire ou neurologique

SCORE DE GLASGOW

Points	Yeux (4)	Verbe (5)	Moteur (6)
1	Ouverture **spontanée**	Communication **normale**	A la **demande**
2	Ouverture à la **demande**	**Confus** (phrase)	**Adaptée** (vers la source douloureuse)
3	Ouverture à la **stimulation douloureuse**	**Inappropriée** (mot)	Mouvement de **retrait**
4	Pas d'ouverture	**Incompréhensible** (son)	Mouvement en **flexion** (triple flexion du MS)
5		Pas de communication	**Décérébration** (extension réflexe)
6			Aucun geste

Un sore < 9 signe un coma
Plus le score est bas, plus le pronostic est grave

CLASSIFICATION DU NIVEAU LESIONNEL DES TRAUMATISMES MEDULLAIRES

Niveau lésionnel	Localisation
T4	Mamelons
T6	Processus xiphoïde
T10	Ombilic
T12	Pli de l'aine

CLASSIFICATION DES LUXATIONS ACROMIO-CLAVICULAIRES (LAC)

Stade	Lésion	Signes cliniques	Radiologie
1	Distension du LAC	Interligne douloureuse	Normale
2	Rupture du LAC	Stade 1 + mobilité en touche de piano	Déplacement modéré
3	Rupture du LAC et des ligaments coraco-claviculaire	Stade 2 + tiroir antéro-postérieur	Luxation
4	Stade 3 + rupture de la chape delto-trapézienne	Stade 3 + saillie de la clavicule sous la peau	Luxation importante

CLASSIFICATION DES FRACTURES BIMALLEOLAIRES

Type	Mécanismes lésionnels	Descriptifs
Fracture sus tuberculaire	**Abduction forcée**	• **Fracture de la MI** ou rupture du LLI (= équivalent bimalléolaire) • **Rupture des ligaments** fibulo-tibiaux inférieurs antérieurs et postérieurs, et de la **membrane interosseuse** : **diastasis tibio-fibulaire inférieur** • **Fracture de la ME sus tuberculaire**
Fracture inter-tuberculaire	**Rotation externe forcée**	• **Fracture de la MI** ou rupture du LLI • **Fracture de la ME inter-tuberculaire** • Ligament fibulo-tibiaux **non rompus : pas de diastasis** tibio-fibulaire • Remarque : **Un diastasis osseux** est possible si la fracture de la ME est déplacée
Fracture sous tuberculaire	**Adduction forcée**	• **Fracture de la ME sous tuberculaire** ou rupture du LLE • Ligament fibulo-tibiaux **non rompus** : **pas de diastasis** tibio-fibulaire • **Fracture de la MI**

(MI : malléole interne, ME : malléole externe)
(LLI : ligament latéral interne, LLE : ligament latéral externe)

REGLE DES 9 DE WALLACE
EVALUATION DE LA SURFACE CORPORELLE BRULEE

Type	Détails
Adulte	• 9% pour la tête • 9% pour chaque bras • 36% pour le tronc et l'abdomen (18% devant et 18% derrière) • 18% pour chaque membre inférieur • 1% pour les organes génitaux externes
Enfant	• 18% pour la tête • 9% pour chaque bras • 36% pour te tronc et l'abdomen, 18% devant et 18% derrière • 14% pour chaque membre inférieur • 1% pour les organes génitaux externes

Gravité :

- > 20% de surface corporelle chez l'adulte
- > 10% de surface corporelle chez l'enfant
- Pronostic vital engagé > 40% de surface corporelle brûlée

SCORE DE GRAVITE D'UN BRULE

- **Score UBS :**
  - % de surface brûlée + 3 x % brûlé au 3ème degré :
  - Evaluation :
    - UBS = 50, brûlure sévère
    - UBS ≥ 100, brûlure grave
    - UBS ≥ 150, pronostic vital engagé

- **Indice de Baux modifié**
  - Surface brûlée totale + (nombre d'années > 50 ans) x 2 :
  - Evaluation :
    - > 50 = grave
    - > 100 = 10% de survivants

EVALUATION DU DEGRE D'UNE BRULURE

Degré	Aspect clinique	Atteinte histologique
1er degré	Erythème	Atteinte superficielle de la couche cornée, sans désépidermisation
2ème degré superficiel	**Phlyctènes**, exulcérations douloureuses	Désépidermisation, respect de la couche basale de Malpighi
2ème degré intermédiaire	**Peau pâle, hypoesthésie**	Légère : destruction partielle de la couche basale de Malpighi
	Peau pâle +/- **anesthésie**	Profonde : destruction totale de la couche basale de Malpighi, mais respect du derme
3ème degré	**Escarre noirâtre** Anesthésie totale	Destruction totale de l'épiderme et du derme

INNERVATION DE LA MAIN

Nerf	Innervation sensitive	Innervation motrice
Nerf médian	Pulpe pouce index	Tous les **muscles de la loge thénarienne** sauf le chef profond du court fléchisseur et l'adducteur du I (nerf ulnaire) et **fléchisseur** superficiel et profond des doigts et long fléchisseur du I
Nerf ulnaire	Bord interne de la main	Tous les **muscles de la loge hypothénarienne**, **l'adducteur du I**, les **interosseux** palmaires et dorsaux et les lombricaux
Nerf radial	Face dorsale 1ère commissure	Extenseur des doigts, **court et long extenseur du I,** long abducteur du I, **extenseur du poignet**

TESTING TENDINEUX

<table>
<tr><th>Testing</th><th>Type de lésion</th><th colspan="2">Testing</th></tr>
<tr><td rowspan="3">Testing des fléchisseurs</td><td>Fléchisseur profond</td><td colspan="2">Flexion de P3 sur P2, doigt maintenu en extension</td></tr>
<tr><td>Fléchisseur superficiel</td><td colspan="2">Flexion de l'IPP en maintenant les doigts adjacents en extension</td></tr>
<tr><td>Section des 2 tendons</td><td colspan="2">Doigt en extension avec flexion active impossible</td></tr>
<tr><td rowspan="3">Testing des extenseurs</td><td>Section de l'insertion terminale sur P3 ou des bandelettes latérales</td><td>Doigt en maillet</td><td>• Perte d'extension de P3
• Flexion de l'IPD</td></tr>
<tr><td>Section de l'insertion terminale sur P2</td><td>Doigt « boutonnière »</td><td>• Perte de l'extension de P2 sur P1
• Flexion de l'IPP
• Extension de l'IPD</td></tr>
<tr><td>Section au niveau de la MP ou de la face dorsale de la main</td><td colspan="2">• Perte d'extension de la MP
• Flexion de l'IPP et de l'IPD => Chute du doigt
• Extension de l'IPP et de l'IPD possible grâce aux muscles interosseux</td></tr>
</table>

2 Infection aiguë des parties molles.

STADIFICATION DES PANARIS ET PHLEGMON DES FLECHISSEURS

Pathologies	Stade	Clinique
Panaris	Stade inflammatoire (phlegmasique)	• Signes locaux : - Signes inflammatoires locaux (douleur peu intense, diurne) - Pas de collection - Pas de douleur nocturne • Signes généraux : aucun
	Stade collecté (« abcès du doigt »)	• Signes généraux : fièvre • Signes locorégionaux : - Adénopathies (épitrochléen, axillaire) - Lymphangite • Signes locaux : - Douleurs nocturnes insomniantes et pulsatiles - Collection - Rechercher des signes de phlegmon
Phlegmon des fléchisseurs	Inflammatoire = ténosynovite inflammatoire (ou phlegmasique)	• Signes locaux : - Doigt inflammatoire - Douleur à la palpation du cul de sac proximal de la gaine - Pas de collection évidente • Signes généraux : fièvre possible
	Collectée = ténosynovite purulente (la plus fréquente)	• Signes cliniques plus marqués : - Fièvre importante - Douleur pulsatile insomniante sur le trajet de la gaine - Attitude irréductible en crochet du doigt (extension très douloureuse) - Collection parfois palpable
	Ténosynovite nécrosante (avec rupture tendineuse)	• Signe caractéristique : disparition de l'attitude en crochet (rupture tendineuse)

CLASSIFICATION DE SALTER ET HARRIS

- Fractures épiphysaires
- Fractures intéressant le cartilage de croissance

Type	Description	Traitement	Pronostic
Type 1	Décollement épiphysaire pur, de l'ensemble du cartilage de croissance, sans fracture	Orthopédique	Excellent
Type 2	Décollement épiphysaire partiel avec trait de fracture métaphysaire	Orthopédique	Bon
Type 3	Trait de fracture trans-épiphysaire avec décollement épiphysaire partiel	Chirurgical	Bon si la réduction est parfaite
Type4	Trait de fracture articulaire trans-épiphyso-métaphysaire sans décollement épiphysaire	Chirurgical	Réservé
Type 5	Ecrasement du cartilage de croissance Diagnostic souvent rétrospectif	Des complications	Grave Epiphysiodèse post-traumatique fréquente

CLASSIFICATION DE LAGRANGE ET RIGAULT

- Fracture supra-condylienne du coude
- Classification radiologique

Stade	Description	Traitement
1	• Fracture non déplacée • Fracture en bois vert	• Plâtre brachio-anté-brachio palmaire
2	• Déplacement en bascule postérieure uniquement • Rupture des deux corticales avec un	• Plâtre ou réduction ou immobilisation en flexion (Blount)
3	• Périoste postérieur intact • Déplacement postérieur important • Persistance d'un contact entre les fragments épiphysaires et métaphysaires • Périoste postérieur intact • Rotation interne du fragment épiphysaire	• Réduction et Blount • Ou ostéosynthèse par broches puis plâtre
4	• Perte de contact des fragments métaphysaire et épiphysaire • Rupture du périoste postérieur dans 50% des cas	

4 Fracture de l'extrémité inférieure du radius chez l'adulte.

CLASSIFICATION DES FRACTURES

Type	Sus articulaire	Articulaire	
Fracture à déplacement postérieur	• Pouteau colles • Gérard marchant	Simple : cunéenne externe	• Complexe • Fracture sus articulaire avec refend articulaire sagittal et frontale • Fracture comminutive
Fracture à déplacement antérieur	Goyrand Smith	Fracture articulaire	

5 Fracture de l'extrémité supérieure du fémur chez l'adulte.

CLASSIFICATION DES FRACTURES

Stade	Description	
Fractures trochantériennes	-	
Fractures cervicales vraies	Garden 1	• Déplacement en coxa valga • Verticalisation des travées osseuses • Engrènement du foyer de fracture avec tassement spongieux et impaction des fragments • Conséquence : stabilité du foyer de fracture
	Garden 2	• Fracture non déplacée • Travées osseuses normales • Angle CD normal (125°-135°)
	Garden 3	• Déplacement en coxa vara • Horizontalisation des travées osseuses
	Garden 4	• Fracture en coxa vara • Travées osseuses normales • Absence d'engrènement : Pas de contact entre les 2 surfaces osseuses

6 Lésions péri-articulaires et ligamentaires du genou, de la cheville et de l'épaule. Lésions méniscales du genou.

STRUCTURES ANATOMIQUES LIGAMENTAIRES DU GENOU

Type	Détails
Pivot central	• Ligament croisé antérieur (LCA) freine la translation antérieure • Ligament croisé postérieur (LCP) freine la translation postérieure
Structures périphériques	• Ligament latéral interne (LLI) qui freine la laxité en valgus • Ligament latéral externe (LLE) qui freine la laxité en varus • Le point d'angle postéro-interne (PAPI) • Le point d'angle postéro-externe (PAPE)

CLASSIFICATION DES LESIONS LIGAMENTAIRES ET MENISCALES

Type	Détails
Lésions ligamentaires	• Entorse du LLI : traumatisme en valgus forcé, genou en flexion • Entorse du LLE : traumatisme en varus forcé, genou en flexion • Entorse isolée du LCA : - Hyperextension active non appuyée (shoot ballon dans le vide) - Contraction brutale du quadriceps (translation tibiale antérieure) • Entorse isolée du LCP : - Choc direct antéropostérieur genou à 90° de flexion (Syndrome du tableau de bord)
Lésions méniscales	• Ménisque normal • Languette méniscale • Déchirure du segment postérieur • Extension de la lésion en avant • Lésion en anse de seau (risque de luxation)

REANIMATION

Chapitre 14

1 Bases neurophysiologiques et évaluation d'une douleur aiguë et chronique.

ECHELLE VISUELLE ANALOGIQUE : EVA
ECHELLE NUMERIQUE : EN

Evaluation d'une douleur aiguë par échelle d'auto-évaluation unidimensionnelle :

- Echelle visuelle analogique EVA
- Echelle numérique EN

Tableau de correspondance entre l'intensité de la douleur et le niveau antalgique requis :

Palier OMS	EVS = Echelle Verbale Simple	EVA = Echelle Visuelle Analogique
Palier 1	Douleur faible à modérée	< 4
Palier 2	Douleur modérée à sévère	4 < EVA < 7
Palier 3	Douleur très intense	> 7

2 Thérapeutiques antalgiques médicamenteuses et non médicamenteuses (P).

CLASSIFICATION DES ANTALGIQUES EN PALIERS DE L'OMS

<table>
<tr><th colspan="3">Palier</th><th colspan="2">DCI</th><th>Nom commercial</th><th colspan="2">Voies d'administration</th></tr>
<tr><td>I</td><td colspan="2">Analgésiques non-morphiniques, antalgiques périphériques</td><td colspan="3">• Paracétamol
• Aspirine
• Anti-inflammatoires non stéroïdiens (AINS)
• Néfopam (Acupan®)</td><td colspan="2" rowspan="2">Orale</td></tr>
<tr><td>II</td><td colspan="2">Agonistes morphiniques faibles</td><td colspan="3">• Dextropropoxyphène
• Efferalgan codéiné®
• Tramadol (Topalgic®)</td></tr>
<tr><td rowspan="12">III</td><td rowspan="12">Opioïdes forts</td><td rowspan="9">Agonistes purs</td><td rowspan="4">Morphine</td><td rowspan="2">Sulfate</td><td>Actiskenan®
Sevredol®</td><td>Orale</td><td>Libération immédiate</td></tr>
<tr><td>Skenan LP®
Moscontin LP®</td><td>Orale</td><td>Libération prolongée</td></tr>
<tr><td rowspan="2">Chlorhydrate</td><td rowspan="2">Morphine®</td><td>Orale</td><td>Libération immédiate</td></tr>
<tr><td>Parentérale</td><td>SC IV IM
Péridurale
Intrathécale</td></tr>
<tr><td colspan="2" rowspan="2">Oxycodone</td><td>Oxynorm®</td><td>Orale</td><td>Libération immédiate</td></tr>
<tr><td>Oxycontin®</td><td>Orale</td><td>Libération prolongée</td></tr>
<tr><td colspan="2">Hydromorphone</td><td>Sophidone®</td><td>Orale</td><td>Libération prolongée</td></tr>
<tr><td colspan="2" rowspan="2">Fentanyl</td><td>Durogésic®</td><td colspan="2">Transcutanée</td></tr>
<tr><td>Actiq®</td><td colspan="2">Transmuqueuse</td></tr>
<tr><td rowspan="2">Agonistes partiels</td><td colspan="2" rowspan="2">Buprénorphine</td><td rowspan="2">Temgésic®</td><td colspan="2">Sublinguale</td></tr>
<tr><td>Parentérale</td><td>SC IV IM</td></tr>
<tr><td>Agonistes-antagonistes</td><td colspan="2">Nalbuphine</td><td>Nalbuphine®</td><td>Parentérale</td><td>SC IV IM</td></tr>
</table>

3 Anesthésie locale, locorégionale et générale.

SCORE ASA
SCORE DE “L’AMERICAN SOCIETY OF ANESTHESIOLOGISTS”

- Le score ASA permet d’évaluer l’état de santé préopératoire d'un patient : Risque anesthésique avec un paramètre prédictif de mortalité et morbidité péri-opératoire.
- Les patients sont classés dans une des cinq catégories suivantes :

Score	Etat de santé du patient
1	**Patient sain, en bonne santé.** C'est-à-dire sans atteinte organique, physiologique, biochimique ou psychique.
2	**Maladie systémique légère** Patient présentant une atteinte modérée d'une grande fonction, par exemple : légère hypertension, anémie, bronchite chronique légère.
3	**Maladie systémique sévère** ou invalidante Patient présentant une atteinte sévère d'une grande fonction qui n'entraîne pas d'incapacité, par exemple : angine de poitrine modérée, diabète, hypertension grave, décompensation cardiaque débutante.
4	Patient présentant une **atteinte sévère d'une grande fonction**, invalidante, **et qui met en jeu le pronostic vital**, par exemple : angine de poitrine au repos, insuffisance systémique prononcée (pulmonaire, rénale, hépatique, cardiaque...)
5	Patient **moribond** dont l'espérance de vie ne dépasse pas 24 h, avec ou sans intervention chirurgicale.

SCORE DE MALLAMPATI

- Score réalisé en consultation d'anesthésie afin d'évaluer une éventuelle difficulté lors de l'intubation
- On demande au patient au cours de la consultation d'anesthésie d'ouvrir la bouche en position assise.
- La visualisation de la glotte est jugée difficile lorsque le score de Mallampati est supérieur à 2 (critère d'intubation endotrachéale difficile)

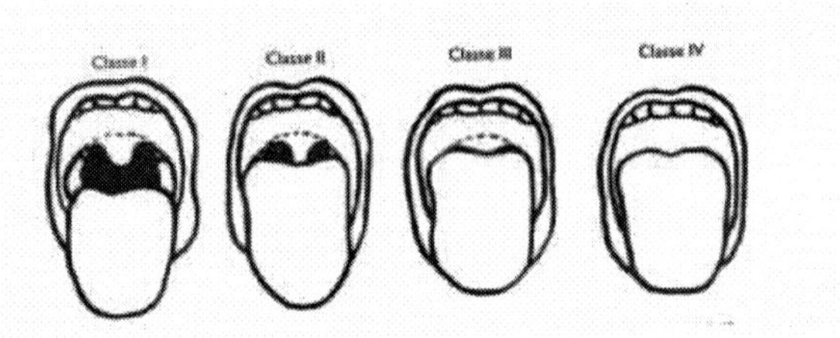

SCORE DE CORMACK ET LEHANE

- Score réalisé au moment de l'intubation endotrachéale par laryngoscopie directe afin d'évaluer l'ouverture glottique.
- La cotation est la suivante :
  - Grade 1 : la glotte est vue en totalité
  - Grade 2: seule la moitié postérieure de la glotte est visible mais l'intubation est facile
  - Grade 3 : seule une petite partie de la glotte et les cartilages aryténoïdes sont visibles
  - Grade 4: seule la base de la langue et la partie supérieure de l'épiglotte sont visibles

SCORE D'ALDRETE

- Score clinique réalisé après une anesthésie afin de savoir s'il peut quitter la Salle de Surveillance Post-Interventionnelle et retourner dans sa chambre en toute sécurité
- Un score de 10 autorise la sortie de la SSPI

Fonction	Etat clinique	Score
Motricité	• Immobile • 2 membres mobiles • 4 membres mobiles	0 1 2
Respiration	• Apnée • Ventilation superficielle, dyspnée • Ventilation profonde, toux efficace	0 1 2
Variation de la pas systolique	• Supérieure ou égale 50 mmHg • De 20 à 50 mmHg • Inférieure ou égale à 20 mmHg	0 1 2
Conscience	• Aréactif • Réactif à la demande • Réveillé	0 1 2
Coloration	• Cyanosé • Pâle, grisâtre • Normale	0 1 2

Le patient peut donc sortir sous certaines conditions :

- Absence de complication chirurgicale
- Réveil total avec retour à la conscience, respiration spontanés, normalisation de la TA
- Contrôle des douleurs (EVA<3)
- Absence de nausées, vomissements

4 Deuil normal et pathologique.

PHASES DU DEUIL NORMAL

Phase	Durée	Descriptif
Détresse	Quelques heures à quelques jours	• Etat de choc, d'hébétude, d'incrédulité durant lequel le sujet agit de façon automatique. • Association à des troubles du sommeil, de l'appétit, asthénie intense et illusion perceptive de la présence du défunt
Dépression	Quelques semaines à 1 an	• Symptômes dépressifs (culpabilité, tristesse…) • Perturbations du fonctionnement social (désinvestissement) • Pensées centrées sur le défunt
Résolution	Quelques mois à quelques années	• Décès progressivement accepté • Le patient retrouve ses activités et ses intérêts habituels

5 Septicémie.

CRITERES DE CLASSIFICATION

Type	Clinique
Septicémie ou bactériémie	• Présence de bactéries viables dans le sang • 2 hémocultures positives au même germe
SRIS : syndrome de réponse inflammatoire systémique	Au moins 2 des critères suivants : • Température > 38,3°C ou < 36°C • Pouls > 90 /min • FR > 20/min, PaCO2 < 32 mmHg • Glycémie > 7,7 mmol/L • Leucocytes > 12.000 ou < 4.000/mm3 ou > 10% de formes immatures • Altération des fonctions supérieures • Temps de recoloration cutanée > 2 sec • Lactatémie > 2 mmol/L
Sepsis	• SRIS + infection présumée ou identifiée
Sepsis sévère	Sepsis + un des critères suivants : • Lactates > 4 mmol/l • Hypotension artérielle avant remplissage • Une dysfonction d'organe au moins : - Respiratoire : PaO2/FiO2 < 300 - Rénale : créatinine > 176 µmol/L - Hépatique : INR > 4, bilirubine > 78 µmol/L - Coagulation : INR > 1,5 - Thrombopénie < 105.000 - Neurologique : Glasgow < 13
Choc septique	• Sepsis sévère + hypotension (< 90 mmHg ou diminution de plus de 40 mmHg) persistante malgré un remplissage adapté ou nécessité de drogues vasoactives

FACTEURS PREDICTIFS D'EVOLUTION VERS UN SEPSIS GRAVE

- **Facteurs prédictifs d'évolution vers un sepsis grave (au moins 2)** :
  - Température > 38,2°C
  - FR ≥ 30/min
  - FC ≥ 120/min
  - PAS < 110 mmHg

6 Polyradiculonévrite aiguë inflammatoire. Syndrome de Guillain-Barré.

STADIFICATION DU POLYRADICULONEVRITE AIGUE INFLAMMATOIRE

Phase	Détails
Phase d'extension	• Durée < 4 semaines • Début aux **membres inférieurs** • Prédominance des **signes sensitifs** symétriques : paresthésies, douleurs neuropathiques, ataxie proprioceptive • **Abolition des réflexes ostéo-tendineux** aux membres inférieurs • Puis apparition d'un **déficit moteur** symétrique • **Evolution ascendante** progressive
Phase de plateau	• Durée variable (facteur pronostique) • Arrêt de l'extension des déficits • Déficit moteur flasque diffus des 4 membres et du tronc • **Atteinte bulbaire possible :** nerfs crâniens (diplégie faciale, troubles de déglutition), atteinte respiratoire • Troubles sensitifs profonds diffus, douleurs neuropathiques • **Syndrome dysautonomique :** - Instabilité tensionnelle - Bradycardie/tachycardie - Hypersécrétion bronchique
Phase de récupération	• Durée : plusieurs semaines • Progressive dans l'ordre inverse d'installation

7 Transfusion sanguine et produits dérivés du sang : Indications, complications, hémovigilance.

REGLE DE TRANSFUSION

- O est donneur universel car les GR d'un patient O n'ont pas d'antigènes de surface
- AB est receveur universel : il ne développe ni Ac anti-A, ni Ac anti-B

Groupe du receveur	Donneur possible
A	A, O
B	B, O
AB	AB, A, B, O
O	O

REGLE ABCD

GESTES ELEMENTAIRES DE SURVIE LORS D'UN ARRET CARDIO-RESPIRATOIRE

Phase	Durée	Descriptif
A **Airways**	**Liberté des voies aériennes**	• Décubitus dorsal sur socle dur • Subluxation du maxillaire inférieur • Retirer tout corps étranger intra-buccal (éventuellement manœuvre de Heimlich)
B **Breathing**	**Assistance respiratoire**	• Bouche-à-bouche • Insufflation lente et expiration passive • FR 10à 12/min
C **Circulation**	**Assistance respiratoire**	• Massage cardiaque externe : 30 compressions pour 2 insufflations avec une fréquence de 100/min (talon de la main dominante su partie supérieure de la moitié inférieure du sternum, l'autre main appuyée sur la première) • Dépression du thorax de 4 à 5cm puis décompression passive (ne pas décoller les mains du thorax) • Temps compression = décompression
D **Defibrilation** **Drugs**	**Choc électrique externe et drogues vaso-actives**	• Intérêt du défibrillateur semi-automatique • 1 seul choc délivré suivi de 2 min de RCP avant chaque nouveau CEE • Le CEE se fait à 200J (si ne fonctionne pas, essayer 300, puis 360J)

9 Etat de choc. (P)

METHODE DE CALCUL DE LA PRESSION ARTERIELLE MOYENNE

Constantes nécessaires :
- DC = débit cardiaque
- DC = fréquence cardiaque
- VES = volume d'éjection systolique
- PAM = pression artérielle moyenne
- RVS = résistances vasculaires systémiques

Formules de calcul :
- **DC = FC x VES**
- **PAM = DC x RVS = (FC x VES) x RVS**

CATHETER DE SWAN-GANZ

Constantes nécessaires :
- **POD :** pression de l'oreillette droite
- **PAPO :** pression artérielle pulmonaire d'occlusion
- **DC :** débit cardiaque
- **EO2 :** coefficient d'extraction de l'oxygène
- **DAV :** différence artério-veineuse en oxygène

Variations des constantes dans les différents chocs :

Type de choc	POD	PAPO	DC	EO2	DAV
Hypovolémique	↓	↓	↓	↑	↑
Cardiogénique	↑	↑	↓	↑	↑
Septique	↓	↓	↑	↓	↓

SCORE DE GLASGOW

Points	Yeux (4)	Verbe (5)	Moteur (6)
1	Ouverture **spontanée**	Communication **normale**	A la **demande**
2	Ouverture à la **demande**	**Confus** (phrase)	**Adaptée** (vers la source douloureuse)
3	Ouverture à la **stimulation douloureuse**	**Inappropriée** (mot)	Mouvement de **retrait**
4	Pas d'ouverture	**Incompréhensible** (son)	Mouvement en **flexion** (triple flexion du MS)
5		Pas de communication	**Décérébration** (extension réflexe)
6			Aucun geste

Un sore < 9 signe un coma
Plus le score est bas, plus le pronostic est grave

DISJONCTIONS CRANIO-FACIALES : LEFORT

Type	Détail
I	• Trait de fracture horizontal au niveau du plancher nasal
II	• Trait de fracture médio-facial épargnant le malaire
III	• Trait de fracture séparant tout le massif facial de la base du crâne

CLASSIFICATION DES FRACTURES BIMALLEOLAIRES

Type	Mécanismes lésionnels	Descriptifs
Fracture sus tuberculaire	Abduction forcée	• **Fracture de la MI** ou rupture du LLI (= équivalent bimalléolaire) • **Rupture des ligaments** fibulo-tibiaux inférieurs antérieurs et postérieurs, et de la **membrane interosseuse** : **diastasis tibio-fibulaire inférieur** • **Fracture de la ME sus tuberculaire**
Fracture inter-tuberculaire	Rotation externe forcée	• **Fracture de la MI** ou rupture du LLI • **Fracture de la ME inter-tuberculaire** • Ligament fibulo-tibiaux **non rompus : pas de diastasis** tibio-fibulaire • Remarque : **Un diastasis osseux** est possible si la fracture de la ME est déplacée
Fracture sous tuberculaire	Adduction forcée	• **Fracture de la ME sous tuberculaire** ou rupture du LLE • Ligament fibulo-tibiaux **non rompus** : **pas de diastasis** tibio-fibulaire • **Fracture de la MI**

(MI : malléole interne, ME : malléole externe)
(LLI : ligament latéral interne, LLE : ligament latéral externe)

CLASSIFICATION DES LUXATIONS ACROMIO-CLAVICULAIRES (LAC)

Stade	Lésion	Signes cliniques	Radiologie
1	Distension du LAC	Interligne douloureuse	Normale
2	Rupture du LAC	Stade 1 + mobilité en touche de piano	Déplacement modéré
3	Rupture du LAC et des ligaments coraco-claviculaire	Stade 2 + tiroir antéro-postérieur	Luxation
4	Stade 3 + rupture de la chape delto-trapézienne	Stade 3 + saillie de la clavicule sous la peau	Luxation importante

CLASSIFICATION DE LA CONTAMINATION DES PLAIES CUTANEES

Délai d'ouverture	Critères
Ouverture < 6 heures	**Contaminée**
Ouverture > 6 heures	**Infectée**

CLASSIFICATION DE LA GRAVITE DES PLAIES CUTANEES CAUCHOIX ET DUPARC - GUSTILLO

Stade	Classification de Cauchoix et Duparc	Classification de Gustillo
I	Suturable sans tension	Plaie < 1 cm et propre
II	Suturable avec tension	Plaie > 1 cm sans dommage extensif des parties molles
III	Non suturable	Plaie avec dommage extensif des parties molles : • III A : couverture possible de l'os fracturé par les parties molles • IIIB : pas de couverture possible • IIIC : plaie avec complication vasculaire ou neurologique

CLASSIFICATION DU NIVEAU LESIONNEL DES TRAUMATISMES MEDULLAIRES

Niveau lésionnel	Localisation
T4	Mamelons
T6	Processus xiphoïde
T10	Ombilic
T12	Pli de l'aine

CLASSIFICATION DE BUTAIN DES TRAUMATISMES SPLENIQUES

Stade	Détails
1	Hématome sous-capsulaire
2	Hématome intra parenchymateux
3	Fracture et atteinte du hile
4	Eclatement – rupture

CLASSIFICATION DE MOORE DES TRAUMATISMES HEPATIQUES

Grade	Hématome	Fracture	Lésions vasculaires
1	Sous-capsulaire < 10 % de la surface	Capsulaire inférieure à 1 cm de profondeur	-
2	Sous capsulaire entre 10 et 50 % de la surface Intraparenchymateux < 10 cm de diamètre	Parenchymateuse de 1 à 3 cm de profondeur et inférieur à 10 cm de longueur	-
3	Sous-capsulaire rompu ou > 50 % de la surface ou expansif Parenchymateux rompu Intraparenchymateux > 10 cm ou expansif	Parenchymateuse supérieure à 3 cm de profondeur	-
4	-	Parenchymateuse de 25 à 75 % d'un lobe ou de 1 à 3 segments unilobaires	-
5	-	Parenchymateuse supérieure à 75 % d'un lobe ou de 1 à 3 segments unilobaires	Veine sus hépatique Veine cave rétrohépatique
6	-	-	Avulsion hépatique

REGLE DES 9 DE WALLACE
EVALUATION DE LA SURFACE CORPORELLE BRULEE

Type	Détails
Adulte	• 9% pour la tête • 9% pour chaque bras • 36% pour le tronc et l'abdomen (18% devant et 18% derrière) • 18% pour chaque membre inférieur • 1% pour les organes génitaux externes
Enfant	• 18% pour la tête • 9% pour chaque bras • 36% pour te tronc et l'abdomen, 18% devant et 18% derrière • 14% pour chaque membre inférieur • 1% pour les organes génitaux externes

Gravité :

- > 20% de surface corporelle chez l'adulte
- > 10% de surface corporelle chez l'enfant
- Pronostic vital engagé > 40% de surface corporelle brûlée

SCORE DE GRAVITE D'UN BRULE

- **Score UBS :**
  - % de surface brûlée + 3 x % brûlé au 3ème degré :
  - Evaluation :
    - × UBS = 50, brûlure sévère
    - × UBS ≥ 100, brûlure grave
    - × UBS ≥ 150, pronostic vital engagé

- **Indice de Baux modifié**
  - Surface brûlée totale + (nombre d'années > 50 ans) x 2 :
  - Evaluation :
    - × > 50 = grave
    - × > 100 = 10% de survivants

EVALUATION DU DEGRE D'UNE BRULURE

Degré	Aspect clinique	Atteinte histologique
1er degré	Erythème	Atteinte superficielle de la couche cornée, sans désépidermisation
2ème degré superficiel	**Phlyctènes**, exulcérations douloureuses	Désépidermisation, respect de la couche basale de Malpighi
2ème degré intermédiaire	**Peau pâle, hypoesthésie**	Légère : destruction partielle de la couche basale de Malpighi
	Peau pâle +/- **anesthésie**	Profonde : destruction totale de la couche basale de Malpighi, mais respect du derme
3ème degré	**Escarre noirâtre** Anesthésie totale	Destruction totale de l'épiderme et du derme

INNERVATION DE LA MAIN

Nerf	Innervation sensitive	Innervation motrice
Nerf médian	Pulpe pouce index	Tous les **muscles de la loge thénarienne** sauf le chef profond du court fléchisseur et l'adducteur du I (nerf ulnaire) et **fléchisseur** superficiel et profond des doigts et long fléchisseur du I
Nerf ulnaire	Bord interne de la main	Tous les **muscles de la loge hypothénarienne**, **l'adducteur du I**, les **interosseux** palmaires et dorsaux et les lombricaux
Nerf radial	Face dorsale 1ère commissure	Extenseur des doigts, **court et long extenseur du I,** long abducteur du I, **extenseur du poignet**

TESTING TENDINEUX

<table>
<tr><th>Testing</th><th>Type de lésion</th><th colspan="2">Testing</th></tr>
<tr><td rowspan="3">Testing des fléchisseurs</td><td>Fléchisseur profond</td><td colspan="2">Flexion de P3 sur P2, doigt maintenu en extension</td></tr>
<tr><td>Fléchisseur superficiel</td><td colspan="2">Flexion de l'IPP en maintenant les doigts adjacents en extension</td></tr>
<tr><td>Section des 2 tendons</td><td colspan="2">Doigt en extension avec flexion active impossible</td></tr>
<tr><td rowspan="3">Testing des extenseurs</td><td>Section de l'insertion terminale sur P3 ou des bandelettes latérales</td><td>Doigt en maillet</td><td>• Perte d'extension de P3
• Flexion de l'IPD</td></tr>
<tr><td>Section de l'insertion terminale sur P2</td><td>Doigt « boutonnière »</td><td>• Perte de l'extension de P2 sur P1
• Flexion de l'IPP
• Extension de l'IPD</td></tr>
<tr><td>Section au niveau de la MP ou de la face dorsale de la main</td><td colspan="2">• Perte d'extension de la MP
• Flexion de l'IPP et de l'IPD => Chute du doigt
• Extension de l'IPP et de l'IPD possible grâce aux muscles interosseux</td></tr>
</table>

CLASSIFICATION DE MASTERS

3 groupes de gravité croissante de Masters

Groupe	Risque	Détails
1	**Faible**	• Patient asymptomatique • Céphalées modérées • Sensation d'ébriété • Plaie du cuir chevelu • Absence de signes du groupe 2 ou 3
2	**Modéré**	• Perte de connaissance initiale • Crise convulsive initiale • Céphalées progressivement croissantes • Vomissements • Amnésie • Intoxication associée : alcool, cannabis, opiacés… • Anamnèse douteuse • Polytraumatisme • Lésions faciales sévères • Fracture de la base du crâne • Age < 2 ans • Suspicion de maltraitance
3	**Elevé**	• Altération du niveau de conscience (Glasgow ≤ 13) • Dégradation secondaire du niveau de conscience • Signes neurologiques focaux • Plaie pénétrante • Embarrure probable

11 Fièvre aiguë chez l'enfant et chez l'adulte. Critères de gravité.

CRITERES DE GRAVITE D'UNE FIEVRE

- Choc septique et tout signe de sepsis grave
- Terrain : âges extrêmes, immunodépression, splénectomisés, grossesse
- Attention : toute fièvre du nouveau-né est une infection materno-fœtale jusqu'à preuve du contraire et doit être prise en charge comme telle
- Hémodynamiques : déshydratation, FC > 120/min, PAS < 100 mmHg, oligo-anurie
- Respiratoires : FR > 24/min, signes de lutte
- Neurologiques : troubles de la conscience, de la vigilance

12 Malaise, perte de connaissance, crise comitiale chez l'adulte

PHASES D'UNE CRISE D'EPILEPSIE

Phase	Durée	Clinique
Tonique	30sec	• Contractions intenses des muscles du tronc et des membres, • Cyanose • Apnée
Clonique	1 à 2min	• Secousses musculaires brusques généralisées et synchrones
Résolutive	Inférieure à 30 min	• Hypotonie postcritique et coma généralisé

- Début : brutal par un cri et une chute associée à une perte de connaissance
- Fin : période de confusion post-critique plus ou moins longue

CLASSIFICATION DE VAUGHAN-WILLIAMS CLASSE DES ANTIARYTHMIQUES

Classe	Type	
I	Bloqueurs des canaux sodiques rapides	• Ia : quinidiniques (Serecor®), disopyramide (Rythmodan®) • Ib : méxilétine (Méxitil®), Xylocaïne • Ic : cibenzoline (Cipralan®), flécainide (Flécaïne®), propafénone (Rythmol®)
II	• β-bloquants	
III	• Amiodarone, sotalol	
IV	• Inhibiteurs calciques	

STADIFICATION DE L'INTOXICATION ALCOOLIQUE

Phase	Taux	Clinique
Stade infra clinique	0,5-0,7 g/L	• Réponses inadaptées ou insuffisantes, diminution des capacités intellectuelles, altérations cognitives
Phase d'excitation psychomotrice	0,7-1,5 g/L	• Excitation psychique et motrice
Phase d'incoordination	1,5-2 g/L	• Incohérence des propos, dysarthrie, troubles de la vigilance, syndrome cérébelleux, syndrome vestibulaire, troubles de la vision, altération des capacités de jugement, troubles de l'humeur, hypoesthésie neurosensorielle
Phase d'ivresse comateuse	> 3 g/L	• Mydriase aréactive, hypothermie, abolition des ROT, hypotension artérielle, hypotonie, hypoglycémie

14 Troubles de l'équilibre acido-basique et désordres hydro-électrolytiques.

EQUATION D'HENDERSON-HASSELBACH

- pH = 6.1 + log HCO3 - / pCO2

pH	pH inférieur < 7.37	pH normal 7.37-7.43	pH supérieur > 7.43
Troubles acido-basiques	Acidose	-	Alcalose
Métabolique	HCO3 ↓, PCO2↓	HCO3 Normal PCO2 Normal	HCO3 ↑, PCO2↑
Respiratoire	PCO2↑ , HCO3 ↑		PCO2↓, HCO3 ↓

CALCUL DE L'OSMOLALITE DANS LE CADRE D'UNE HYDRATATION INTRACELLAIRE

- Osmolalité = (Na x 2) + glycémie
- Normale = 285 ± 5 mmol/L

15 Coma non traumatique

SCORE DE GLASGOW

Points	Yeux (4)	Verbe (5)	Moteur (6)
1	Ouverture **spontanée**	Communication **normale**	A la **demande**
2	Ouverture à la **demande**	**Confus** (phrase)	**Adaptée** (vers la source douloureuse)
3	Ouverture à la **stimulation douloureuse**	**Inappropriée** (mot)	Mouvement de **retrait**

4	Pas d'ouverture	**Incompréhensible** (son)	Mouvement en **flexion** (triple flexion du MS)
5		Pas de communication	**Décérébration** (extension réflexe)
6			Aucun geste

Un sore < 9 signe un coma
Plus le score est bas, plus le pronostic est grave

SCORE DE LIEGE

Les réflexes du tronc cérébral pour le calcul du score de Liège :

- Fronto-orbiculaire 5
- Oculo-céphalique vertical 4
- Photomoteur 3
- Oculo-céphalique horizontal 2
- Oculocardiaque 1
- Aucun 0

La présence du réflexe est pondérée de un point
Score compris entre 3 et 20 points

16 Hémorragie méningée

SCORE WFNS (WORLD FEDERATION OF NEUROLOGICAL SURGEONS)

Grade	Score de Glasgow	Déficit moteur
I	15	Absent
II	13-14	Absent
III	13-14	Présent
IV	7-12	Présent ou absent
V	3-6	Présent ou absent

17 Insuffisance rénale aiguë. Anurie.

QUANTIFICATION DES PERTES HYDROSODEES

Type	Détails
Déficit extra-cellulaire	20% x poids x (Ht ÷ 0,45 – 1)
Déficit intra-cellulaire	60% x poids x (Na ÷ 140 – 1)

CANCEROLOGIE

Chapitre 15

1 Cancer : épidémiologie, cancérogénèse, développement tumoral, classification.

CLASSIFICATION TNM

Score	Signification	Détails	
T	Taille et envahissement local	Tx	Pas de renseignement sur la tumeur
		T0	Pas de tumeur
		Tis	Tumeur in situ
		T1, T2, T3, T4	Selon la taille et l'envahissement
N	Extension aux ganglions	Nx	Pas de renseignement sur l'envahissement ganglionnaire
		N0	Pas de ganglion envahi
		N1, N2, N3	Selon le nombre et leur localisation
M	Métastases à distance	Mx	Pas de renseignement sur l'envahissement
		M0	Pas de métastase
		M1	Présence de métastase(s)

SCORES HISTOPRONOSTIQUES

Score	Type de cancer
Score de Gleason	Cancer de la prostate
Score de Scarff Bloom et Richardson	Cancer du sein

CLASSIFICATION DE L'ETAT GENERAL

Performans status de l'OMS : index de performance

Stade	Détails
0	Activité physique intacte, efforts possibles sans limitation
1	Réduction des efforts, autonomie complète
2	Personne autonome, fatigue facile, nécessité de repos ≥ 6h/j
3	Personne dépendante, lever possible, toilette seule impossible
4	Dépendance totale, état grabataire

Echelle de Karnofsky :
- 100% : activité normale
- 0% : patient décédé

CLASSIFICATION DES TUMEURS RESIDUELLES

- Reflète la présence de la tumeur après traitement
- Grande valeur pronostique

Stade	Détails
x	Non évaluable
0	Pas de tumeur résiduelle
1	Tumeur résiduelle microscopique
2	Tumeur résiduelle macroscopique

2 Prise en charge et accompagnement d'un malade cancéreux. Ttt symptomatiques. Modalités de surveillance.

CLASSIFICATION DE L'ACTION D'UN TRAITEMENT ANTI-CANCEREUX

Classification	Détails
Progression	Taille des lésions augmentent de plus de 20%
Stabilisation	Evolution de la taille des lésions de -30% à +20%
Réponse partielle	Taille des lésions baissent de plus de 30%
Réponse complète	Disparition des lésions

CLASSIFICATION TNM

Tumeur			
	Oropharynx	**Hypopharynx**	**Larynx-plan glottique**
Tis	Carcinome *in situ*	Carcinome *in situ*	Carcinome *in situ*
T1	Tumeur ≤ 2 cm	Tumeur limitée à une zone de l'hypopharynx ≤ 2 cm	1 corde vocale 2 cordes vocales
T2	2 < Tumeur ≤ 4 cm	Tumeur envahissant plus d'une zone de l'hypopharynx ou 2 < T ≤ 4 cm	Diminution de la mobilité de la corde vocale ou extension au fond du ventricule
T3	Tumeur > 4 cm	T > 4 cm ou hémilarynx bloqué	Hémilarynx bloqué
T4	Tumeur envahissant les structures adjacentes (os, peau, muscle…)	Tumeur envahissant les structures adjacentes (cartilage cricoïde, muscles, parties molles, fascias…)	Tumeur débordant le larynx
Adénopathies			
N0	Absence d'adénopathie		
N1	Adénopathie, unique, homolatérale ≤ 3 cm		
N2a	Adénopathie unique, homolatérale entre 3 et 6 cm		
N2b	Adénopathies multiples, homolatérales < 6 cm		
N2c	Adénopathies bilatérales ou controlatérales< 6 cm		
N3	Adénopathie > 6 cm		
Métastases			
M0	Absence de métastase		
M1	Métastase à distance		

4 Tumeurs du col utérin, du corps utérin.

CLASSIFICATION DE BETHESDA (LESIONS PRE-CANCEREUSES)

Stade	Détails
LIEBG (lésion intra-épithéliale de bas grade) avec jonction pavimento-cylindrique visible	**Surveillance** par frottis cervico-vaginal annuel
LIEBG avec jonction cylindrique non visible	**Conisation** avec examen anatomo-pathologique
LIEHG (lésion intra-épithéliale de haut grade)	**Conisation** avec examen anatomo-pathologique

CLASSIFICATION FIGO

Stade	Détails
FIGO 0	**Tumeur intra-épithéliale** : carcinome in situ
FIGO I	**Tumeur limitée au col** : • IA : micro-invasif < 5 mm • IB : invasif mais limité au col
FIGO II	**Tumeur dépassant le col** : • IIA : sans infiltration des paramètres • IIB : avec infiltration des paramètres et/ ou des 2/3 supérieurs du vagin
FIGO III	**1/3 inférieur du vagin, région pelvienne, hydronéphrose :** • IIIA : extension au 1/3 inférieur du vagin • IIIB : extension à la paroi pelvienne et/ou hydronéphrose
FIGO IV	**Atteinte à distance :** • IVA : extension à la vessie et /ou au rectum et/ou au-delà du pelvis • IVB : métastase à distance

CLASSIFICATION FIGO

Stade	Détails
FIGO I	**Tumeur limitée au corps de l'utérus :** • IA : limité à l'endomètre • IB : invasion < 50 % du myomètre • IC : invasion > 50 % du myomètre
FIGO II	**Atteinte du col :** • IIA : atteinte superficielle épithéliale de l'endocol • IIB : atteinte du stroma cervical
FIGO III	**Extension hors de l'utérus dans le pelvis :** • IIIA : péritoine pelvien/annexes/cytologie péritonéale positive • IIIB : métastase vaginale • IIIC : métastase au niveau des ganglions pelviens et/ou lombo-aortiques
FIGO IV	**Envahissement à distance :** • IVA : envahissement vésical ou digestif • IVB : métastase à distance

5 Tumeurs colorectales.

CLASSIFICATION DE VIENNE DES POLYPES

- Catégorie 1 : absence de néoplasie
- Catégorie 2 : polype indéfini
- Catégorie 3 : néoplasie de bas grade
- Catégorie 4 : néoplasie de haut grade = tumeur in situ = pTis
- Catégorie 5 : cancer infiltrant la sous-muqueuse = pT1

CLASSIFICATION TNM ET DUKES

Dukes	Stade TNM	TNM	Colon et haut rectum	Moyen et bas rectum
A	Stade 0	Tis carcinome in situ	Muqueuse	Muqueuse
	Stade I	T1	Sous muqueuse	Sous-muqueuse
		T2	Musculeuse	Musculeuse
B	Stade IIA	T3	Sous-séreuse	Mésorectum
	Stade IIB	T4	Séreuse graisse péricolique organes de voisinage	Envahissement des organes pelviens
C	Stade IIIA (T1-T2/N1/M0) Stade IIIB (T3-T4/N1/M0)	N1	1-3 ganglions	1-3 ganglions
	Stade IIIC	N2	> 4 ganglions	> 4 ganglions
D	Stade IV	M1	Métastases (dont ganglions sus-claviculaires et iliaques externes)	Métastases (dont ganglions sus-claviculaires et iliaques externes)

6 Tumeurs cutanées épithéliales et mélaniques.

CLASSIFICATION DES PHOTOTYPES

- **Phototypes** clairs :
  - 0 : albinos
  - I : roux
  - II : blond

CRITERES CLINIQUES DU MELANOME : REGLE ABCDE

- Une lésion pigmentée en peau saine est suspecte s'il existe **plus de 2 caractéristiques selon la règle de l'abécédaire**

Règle	Détails
A	Asymétrie
B	Bords irréguliers, encochés, polycycliques
C	Couleur inhomogène
D	Diamètre ≥ 6 mm
E	Evolutivité : taille, couleur, épaisseur

CLASSIFICATION ANATOMOPATHOLOGIE : BRESLOW

- Epaisseur tumorale maximale
- Classification en fonction de l'épaisseur

Stades du Breslow	Epaisseur	Survie à 5 ans
0	In situ	> 95%
I	0,2 – 0,75 mm	95%
II	0,75 – 1,5 mm	90%
III	1,5 – 4 mm	70%
IV	> 4 mm	60%

CLASSIFICATION CARCINOME BASO-CELLULAIRE

Type	Détails
Superficiel	• Plaque rouge plane, bien limitée, à extension très lentement centrifuge avec squames et croûtes
Nodulaire	• Papule, nodule lisse translucide, grisâtre et télangiectasique = perle
Sclérodermiforme	• Plaque dure, brillante, mal limitée et déprimée qui ressemble à une cicatrice blanche pouvant être ulcéré

7 Tumeurs de l'estomac.

CLASSIFICATION TNM

Tumeur	
Tis	Cancer in situ
T1	Atteinte de la musculaire muqueuse, sous-muqueuse
T2	Atteinte de la musculeuse, sous séreuse
T3	Franchissement de la sous-séreuse
T4	Atteinte des structures de voisinage
Adénopathies	
N0	Pas d'atteinte ganglionnaire
N1	Un à six ganglions atteints
N2	Sept à quinze ganglions atteints
N3	Plus de quinze ganglions atteints
Métastases	
M0	Absence de métastase
M1	Métastase à distance

Résultats de la pièce d'anatomopathologie : pTxNxMX
Résultats pré-opératoires de l'écho-endoscopie : usTxNxMx

CLASSIFICATION DU LYMPHOME DISSEMINE

Type	Détails
Stade IE	1 ou plusieurs sites digestifs atteints, sans atteinte ganglionnaire
Stade IIE	1 ou plusieurs sites digestifs atteints, avec atteinte ganglionnaire régionale intra-abdominale
Stade IIIE	1 seul site digestif atteint avec atteinte ganglionnaire de part et d'autre du diaphragme
Stade IVE	Atteinte d'1 ou plusieurs organes extra-ganglionnaires

CLASSIFICATION TNM de l'HEPATOCARCINOME

	Tumeur
T1	Tumeur solitaire mesurant moins de 2 cm sans infiltration vasculaire
T2	Tumeur < 2 cm avec infiltration vasculaire, plusieurs tumeurs < 2 cm, sans infiltration vasculaire, une tumeur > 2 cm sans infiltration vasculaire
T3	Une tumeur > 2 cm avec infiltration vasculaire, plusieurs tumeurs dans un lobe avec infiltration vasculaire, multiples lésions > 2 cm dans un seul lobe
T4	Multiples tumeurs dans plus d'un lobe, infiltration de la veine porte ou de la veine hépatique, infiltration d'un organe adjacent (autre que la vésicule), perforation du péritoine viscéral
	Adénopathies
N0	Pas d'atteinte ganglionnaire
N1	Ganglions locaux envahis
	Métastases
M0	Absence de métastase
M1	Métastase à distance

CLASSIFICATION D'OKUDA : → PRONOSTIC

Classification pronostiques comprenant 4 critères :

- Taux de bilirubine sérique > 30 mg/L
- Taux d'albumine < 30 g/L
- Présence d'une ascite
- Taille de la tumeur > 50 % du volume du foie

Stade	Critères	Médiane de Survie sans traitement
I	Aucun	8 mois
II	1 ou 2	3 mois
III	3 ou 4	6 semaines

9 Tumeurs de l'œsophage.

CLASSIFICATION TNM

Tumeur	
Tis	Carcinome in situ
T1	Infiltration de la muqueuse et de la sous-muqueuse
T2	Infiltration de la musculeuse
T3	Infiltration de l'adventice
T4	Infiltration des structures de voisinage
Adénopathies	
N0	Pas de ganglions envahis
N1	Envahissement des ganglions médiastinaux et cervicaux pour les tumeurs du 1/3 supérieur
N2	Envahissement des ganglions cervicaux
Métastases	
M0	Absence de métastase
M1	Métastase à distance

CLASSIFICATION FIGO

Stade	Détails
FIGO I	Limitée aux **ovaires** : • IA 1 : seul ovaire touché, capsule intacte • IB 2 ; ovaires touchés, capsule intacte • IC : rupture capsulaire, tumeur à la surface ovarienne, cytologie péritonéale positive
FIGO II	Etendue au **pelvis** : • IIA à l'utérus et/ou trompes • IIB autres organes pelviens • IIC avec cytologie péritonéale positive
FIGO III	Métastases **péritonéales** au-delà du pelvis et/ou adénopathies métastatiques régionales : • IIIA méta microscopiques • IIIB méta macro ≤ 2 cm • IIIC méta macro > 2 cm
FIGO IV	**Métastases à distance** autres que péritonéales

COMPARATIF DES CLASSIFICATIONS DU CANCER DE L'OVAIRE

FIGO		TNM		Survie à 5 ans
I	IA	**T1**	T1a	> 80 %
	IB		T1b	
	IC		T1c	
II	IIA	**T2**	T2a	60 %
	IIB		T2b	
	IIC		T2c	
III	IIIA	**T3**	T3a	30 %
	IIIB		T3b	
	IIIC		T3c (+/-) N1	
IV		**M1**		< 5 %

11 Tumeur du pancréas.

CLASSIFICATION TNM

Tumeur	
T1	Tumeur limitée au pancréas : • T1a : < 2 cm dans sa plus grande dimension • T2b : > 2 cm dans sa plus grande dimension
T2	Tumeur étendue à : duodénum, canal biliaire, tissu péri-pancréatique
T3	Tumeur étendue à : estomac, rate, colon, gros vaisseaux adjacents
Adénopathies	
N0	Pas de ganglions régionaux envahis
N1	Ganglions régionaux envahis
Métastases	
M0	Absence de métastase
M1	Métastase à distance

12 Tumeurs de la prostate

SCORE HISTOPRONOSTIQUE DU CANCER DE PROSTATE SCORE DE GLEASON

Critère	Détails
Définition	• Définit le degré de différenciation de la tumeur • Correspond à la somme du grade histologique de Gleason, qui va de 1 (bien différencié) à 5 (non différencié) des 2 composantes tumorales les plus représentées • Présentation des résultats : score total (maximum = 10) avec le détail (… + …) • Facteur pronostic essentiel : plus le score est élevé et moins la tumeur est différenciée
Cotation	• 2 à 4 : tumeur bien différenciée donc de bon pronostic • Bon pronostic si score < 7 (ou = à 7 avec 4 non majoritaire (soit 3+4)) • 8 à 10 : tumeur indifférenciée donc de mauvais pronostic

CLASSIFICATION TNM 2002 DU CANCER DE LA PROSTATE

	Tumeur
Tx	Tumeur primitive non évaluée
T0	Tumeur primitive non retrouvée
T1	Tumeur ni palpable (TR normal) ni visible en imagerie : • T1a : tumeur occupant moins de 5% du tissu réséqué • T1b : tumeur occupant plus de 5% du tissu réséqué • T1c : tumeur découverte sur une biopsie prostatique réalisée pour PSA anormal
T2	Tumeur limitée à la prostate (apex et capsule compris) => TR anormal : • T2a : tumeur concernant la moitié d'un lobe ou moins • T2b : tumeur concernant plus de la moitié d'un lobe • T2c : tumeur concernant les deux lobes
T3	Extension extra-capsulaire : • T3a : extension extra capsulaire uni- ou bilatérale • T3b : extension aux vésicules séminales
T4	Extension aux organes adjacents (col vésical, sphincter urétral, rectum) ou tumeur fixée à la paroi pelvienne
	Adénopathies
Nx	Ganglions régionaux non évalués
N0	Absence de métastase ganglionnaire régionale
N1	Atteinte ganglionnaire régionale
	Métastases
Mx	Métastases à distance non évaluées
M0	Absence de métastase à distance
M1	Métastases à distance : • M1a : ganglions non régionaux • M1b : os (cancer très ostéophile) • M1c : autres sites avec ou sans atteinte osseuse

13 Tumeurs du poumon.

CLASSIFICATION TNM DES CBNPC

Tumeur	
T1	Tumeur de **diamètre ≤ 3 cm**, entourée par le poumon ou la plèvre viscérale, sans envahissement endoscopique au-delà de la bronche lobaire.
T2	Tumeur de **diamètre 3 < Ø ≤ 5 cm (T2a)** ou **5 < Ø ≤ 7 cm (T2b)** ou présentant les caractéristiques suivantes : • Atteinte de la **bronche souche à > 2 cm de la carène**. • Invasion de la plèvre viscérale. • Atélectasie ou pneumopathie obstructive s'étendant à la région hilaire ne touchant pas tout le poumon.
T3	Tumeur de **diamètre > 7 cm** ou présentant les caractéristiques suivantes : • **Envahissement de** : paroi thoracique (syndrome de Pancoast-Tobias), diaphragme, nerf phrénique, plèvre médiastinale, pleural ou pariétal ou péricarde. • Atteinte de **la bronche souche à ≤ 2 cm de la carène** sans l'envahir. • **Atélectasie** ou pneumopathie obstructive du **poumon entier**. • Présence d'un **nodule tumoral distinct dans le même lobe**.
T4	Tumeur de toute taille envahissant une des structures suivantes : • **Médiastin**, cœur, grands vaisseaux, trachée, nerf laryngé récurrent, œsophage, corps vertébral, carène. • Présence d'un nodule **tumoral distinct dans un autre lobe du poumon atteint**.
Adénopathies	
N0	Pas d'envahissement ganglionnaire régional.
N1	Adénopathies malignes intrapulmonaires, péribronchiques et/ou **hilaires homolatérales**.
N2	Adénopathies malignes **médiastinales homolatérales et/ou souscarinaires**.
N3	Adénopathies malignes **médiastinales controlatérales**, **hilaires controlatérales**, scalènes ou sous-claviculaires homo- ou contro-latérales.
Métastases	
M0	Pas de métastase à distance
M1	• Métastase à distance. • Nodule tumoral distinct dans un lobe controlatéral. • Epanchement pleural ou péricardique malin. • Nodules pleuraux malins.

Stade I	T1-**2a** N0 M0
Stade II	T2a **N1** M0 ; **T2b** N0-1 M0 ; **T3** N0 M0
Stade IIIa	**T1-3 N1-2** M0 ; **T4 N1** M0
Stade IIIb	**T4 N2** M0 ; T1-4 **N3** M0
Stade IV	T1-4 N0-3 **M1**

CLASSIFICATION TNM DES CBPC

Maladie localisée (atteinte pulmonaire accessible à un seul champ d'irradiation)	• Tumeur touchant un seul poumon • Ganglions hilaires et médiastinaux homolatéraux et controlatéraux, susclaviculaire homolatéraux
Maladie étendue	• Tumeur bilatérale • Atteinte du péricarde, • Pleurésie carcinomateuse • Ganglions bilatéraux • Métastases à distance

14 Tumeurs du rein.

CLASSIFICATION TNM

Tumeur	
T1	Tumeur inférieure ou égale à 7 cm de grand axe, limitée au rein
T2	Tumeur supérieure à 7 cm de grand axe, limitée au rein
T3	Tumeur étendue à la veine rénale, ou à la surrénale, ou à la graisse périrénale mais sans dépassement du fascia de Gérota • T3a : tumeur étendue à la surrénale ou à la graisse périrénale mais sans dépassement du fascia de Gérota • T3b : tumeur étendue macroscopiquement à la veine rénale ou à la veine cave sous-diaphragmatique • T3c : tumeur étendue macroscopiquement à la veine cave sus-diaphragmatique
T4	Tumeur envahissant le fascia de Gerota
Adénopathies (hilaires, para-aortiques abdominaux et paracaves)	
N0	Absence de métastase ganglionnaire régionale
N1	Métastase ganglionnaire régionale unique
N2	Plus d'une métastase ganglionnaire régionale
Métastases	
M0	Absence de métastase
M1	Métastase à distance

15 Tumeurs du sein.

CLASSIFICATION PEV (critères inflammatoires de la tumeur)

Stade	Détails
PEV 0	Pas de signe inflammatoire
PEV 1	Doublement du volume tumoral en moins de 6 mois
PEV 2	Inflammation en regard de la tumeur et touchant 1/3 de la peau
PEV 3	Inflammation étendue à tout le sein : mastite carcinomateuse

CLASSIFICATION TNM

	Tumeur
Tx	Détermination impossible
T0	Pas de tumeur palpable
Tis	Carcinome in situ
T1	<= 2 cm (T1a : <= 0,5 cm ; T1b : 0,5-1 cm ; T1c : 1-2 cm)
T2	2 - 5 cm
T3	> 5 cm
T4	Extension directe à la paroi ou à la peau : • T4a : extension à la paroi thoracique • T4b : envahissement cutané (ulcération cutanée, nodules de perméation, peau d'orange) • T4c : à la fois t4a et t4b • T4d : carcinome inflammatoire
	Adénopathies
N0	Pas de ganglions atteints
N1	Ganglions axillaires homolatéraux suspects mais mobiles
N2	Ganglions axillaires homolatéraux fixés
N3	Ganglions mammaires internes homolatéraux
	Métastases
Mx	Métastases à distance non évaluées
M0	Absence de métastase à distance
M1	Métastases présentes ou ganglions sus-claviculaires

16 Tumeurs du testicule.

CLASSIFICATION TNM

Tumeur	
pTx	Détermination impossible(en l'absence d'orchidectomie, ptx est utilisé).
pT0	Pas de tumeur primitive évidente
pT1	Tumeur limitée au testicule et à l'épididyme, sans invasion vasculaire ni lymphatique. La tumeur peut envahir l'albuginée, mais pas la vaginale.
pT2	Tumeur limitée au testicule et à l'épididyme, avec invasion vasculaire ou lymphatique, ou tumeur étendue à l'albuginée avec envahissement de la vaginale.
pT3	Tumeur envahissant le cordon spermatique, avec ou sans invasion vasculaire ou lymphatique.
pT4	Tumeur envahissant le scrotum, avec ou sans invasion vasculaire ou lymphatique.
Adénopathies	
Nx	Ganglions régionaux non évaluables
N0	Pas d'adénopathie métastatique régionale
N1	Métastase ganglionnaire unique de moins de 2 cm de plus grande dimension, ou multiples ganglions métastatiques de moins de 2 cm de plus grande dimension.
N2	Métastase unique de 2 à 5 cm de plus grande dimension, ou multiples ganglions positifs dont un est entre 2 et 5 cm de plus grande dimension.
N3	Métastase de plus de 5 cm de plus grande dimension.
Métastases	
Mx	Métastases à distance non évaluées
M0	Absence de métastase à distance
M1	métastases à distance
Marqueurs	
Sx	Marqueurs non évalués
S0	Marqueurs normaux
S1	LDH < 1,5 N
S2	LDH (1,5-10N), ou β-hCG (5000-50000), ou α-FP (1000-10000)
S3	LDH > 10N, β-hCG > 50000, α-FP > 10000

CLASSIFICATION TNM 2002 DU CANCER DE LA VESSIE

T : « Tumor » (après examen anatomo-pathologique)	
pTx	Tumeur primitive non évaluée
pT0	Tumeur primitive non retrouvée
pTis	Carcinome in situ
pTa	Cancer limité à la muqueuse vésicale ne franchissant pas la membrane basale
pT1	Cancer franchissant la membrane basale mais limitée au chorion
pT2	Cancer infiltrant la musculeuse • pT2a : musculeuse superficielle • pT2b : musculeuse profonde
pT3	Cancer infiltrant la graisse péri-vésicale
pT4	Extension aux organes adjacents (prostate, utérus, vagin, rectum) ou tumeur fixée à la paroi pelvienne
N : « Nods » Ganglions régionaux (rétropéritonéaux)	
pNx	Ganglions régionaux non évalués
pN0	Absence de métastase ganglionnaire régionale
pN1	Adénopathie < 2 cm de plus grand axe
Pn2	Adénopathie(s) ≤ 5 cm de plus grand axe
PN3	Adénopathie(s) > 5cm de plus grand axe
M : « Métastases »	
Mx	Métastases à distance non évaluées
M0	Absence de métastase à distance
M1	Métastases à distance

18 Dysmyélopoïèse.

CLASSIFICATION OMS SIMPLIFIEE

Type	Détail
Anémie réfractaire	• < 5% de blastes au myélogramme
Anémie réfractaire avec excès de bastes	• Entre 5 et 20% de blastes : - AREB type I : 5 à 10% de blastes - AREB type II : 10 à 20% de blastes - Si > 20% de blastes, la myélodysplasie devient une leucémie aiguë
Anémie réfractaire sidéroblastique idiopathique acquise	• > 15% de sidéroblastes en couronnes
Leucémie myélomonocytaire chronique	• Forme frontière entre une myélodysplasie et un syndrome myéloprolifératif
Syndrome 5q-	• Anémie, plaquettes normales ou thrombocytose, délétion du bras long du chromosome 5 (5q-) isolé au caryotype

SCORE PRONOSTIQUE - SCORE IPSS

- En fonction des paramètres suivants, un score est attribué :

Paramètres	Critères	Score
Blastes médullaires	< 5% 5-10% 11-20% 21-30%	0 0,5 1,5 2
Caryotype	Favorable : normal, 5q-, del20q, -Y Intermédiaire : toutes les autres anomalies Défavorable : -7, +8, anomalies complexes	0 0,5 1
Nombre de cytopénies : PN <1800/mm^3 Hb <10g/dL Plaquettes <100000/mm^3	0 ou 1 cytopénie 2 ou 3 cytopénies	0 0,5

- **Selon le nombre de points du patient, on définit** 4 groupes de risque :

Risque	Score total	Survie médiane	Incidence de LAM
Faible	0 point	5,7 ans	25% à 10 ans
Intermédiaire faible	0,5 - 1 point	3,5 ans	25% à 3,3 ans
Intermédiaire élevé	1,5 - 2 points	1 an	25% à 1 an
Elevé	>2 points	4,5 mois	75%

19 Leucémies aiguës.

CLASSIFICATION FAB (FRANCO-AMERICANO-BRITANNIQUE)

- Elle comprend 8 types de LAM, de la LAM 0 à la LAM 7, en fonction du type et du degré de différenciation des blastes/

NOM	Type de différenciation	Cytochimie	Cytologie	Génétique	Clinique
LAM 0	Très peu différenciée	MPO - EST -	Pas de corps d'Auer		
LAM 1	Sans différenciation granuleuse	MPO + EST +			Insuffisance médullaire
LAM 2	Avec différenciation granuleuse			t(8 ;21)	Splénomégalie
LAM 3	Promyélocytaire		Corps d'Auer en fagots	t(15 ;17)	CIVD
LAM 4	Myélomonocytaire			Inv (16)	Lysozyme ↑
LAM 5	Monoblastique				Lysozyme ↑ Leucostase
LAM 6	Erythroblastique				Surtout sujet âgé
LAM 7	Mégacaryocytaire	MPO - EST -	Pas de corps d'Auer		Surtout chez le trisomique 21

CLASSIFICATION OMS

- Elle distingue quatre catégories de LAM, en fonction d'éléments cliniques, cytogénétiques, morphologiques et moléculaires.

GROUPES DE LAM	Fréquence	Description	Pronostic
LAM avec anomalies cytogénétiques récurrentes	30% des LAM	LAM 2 t(8;21) LAM 3 t(15;17) LAM 4 avec inversion du chromosome 16	BON
LAM avec dysmyélopoïèse	10-15% des LAM	Cellules myéloïdes morphologiquement anormales	PEJORATIF
LAM secondaires à une chimiothérapie	10-15% des LAM		PEJORATIF
Autres types de LAM	40-50% des LAM	Autres types de LAM de la classification FAB	VARIABLE

CLASSIFICATION DE BINET

- C'est la classification pronostique et thérapeutique actuellement utilisée pour la LLC :

Pronostic	Stade	Définition			Survie médiane
		Hb	Plaquettes	Aires ganglionnaires	
Bon	A	>10g/dL	>100000/mm^3	< 3 territoires atteints	> 10 ans
Moyen	B	>10g/dL	>100000/mm^3	≥ 3 territoires atteints	5 ans
Mauvais	C	Hb < 10g/dL OU Plq <100000/mm^3		Indifférent	2 ans

Aires ganglionnaires comptant pour un territoire : Foie, Axillaire, Rate, Cervicale, Inguinale (moyen mnémotechnique = FARCI)

CLASSIFICATION RAI

- Plus ancienne

Stade	Définition	Survie médiane
0	Lymphocytose sanguine isolée	> 15 ans
I	Lymphocytose sanguine et adénopathies	9 ans
II	Lymphocytose sanguine et splénomégalie +/- adénopathies	5 ans
III	Lymphocytose sanguine et Hb < 11g/dL +/- splénomégalie +/- adénopathies	2 ans
IV	Lymphocytose sanguine et plaquettes < 100000/mm^3 +/- splénomégalie +/- adénopathies +/- Hb < 11g/dL	2 ans

21 Lymphomes malins.

CLASSIFICATION DE ANN-HARBOR

- **Quatre stades** du lymphome, quel que soit son type :

Stade	Description
I	Un seul territoire ganglionnaire atteint
II	Au moins deux territoires ganglionnaires atteints du même côté du diaphragme
III	Atteinte ganglionnaire de part et d'autre du diaphragme : • III-1 : atteinte sous-diaphragmatique (rate, ganglions spléniques, ganglions cœliaques, ganglions du tronc porte) • III-2 : ganglions latéro-aortiques, iliaques, mésentériques, avec ou non une atteinte du III-1
IV	Atteinte viscérale à distance d'un groupe ganglionnaire OU deux atteintes extra-ganglionnaires non contiguës

- **On rajoute des lettres à ces stades** en fonction de la présence ou non de certaines caractéristiques :
  - **A** : absence de signes d'évolutivité
  - **B** : présence de signes d'évolutivité parmi :
    - Fièvre > 38°C pendant au moins 8 jours consécutifs
    - Sueurs nocturnes
    - Perte de poids > 10% en 6 mois
  - **E** : envahissement d'un territoire extra-ganglionnaire contigu à un territoire ganglionnaire
  - **X** : masse tumorale volumineuse
    - Ganglion > 10 cm
    - Rapport médiastin/thorax > 1/3
  - **S** : atteinte splénique

SCORES PRONOSTIQUES : IPI ET FLIPI

- **Score IPI (Index Pronostique International) : 1 point par facteur**
  - Age supérieur à 60 ans
  - Stade III ou IV de Ann-Harbor
  - Taux de LDH élevé
  - Score OMS supérieur ou égal à 2
  - Atteinte d'au moins deux sites extra-ganglionnaires
- **Score FLIPI (Follicular Lymphoma International Pronostic Index) : 1 point par facteur**
  - Age supérieur à 60 ans
  - Stade III ou IV de Ann-Harbor
  - Taux de LDH élevé
  - Hémoglobine inférieure à 12g/dL
  - Atteinte d'au moins quatre sites ganglionnaires
- Dans les deux cas, **plus le score est élevé et moins le pronostic est bon.**

22 Myélome multiple des os.

CLASSIFICATION DU MYELOME

Type de myélome	Fréquence	Aspect EPP
IgG	55%	Pic en γ
IgA	25%	Pic en β
Chaînes légères	15%	Hypogammaglobulinémie
IgD	<5%	Pic en γ

SCORES PRONOSTIQUES DU MYELOME

- **La classification de Salmon et Durie est essentielle :**

Critères	Stade I	Stade II	Stade III
IgG	< 50 g/L	Myélome ne correspondant ni au stade I ni au stade III	>70g/L
IgA	<30 g/L		> 50 g/L
Hb	>10 g/dL		<8,5 g/dL
Protéinurie	<4 g/24h		>12 g/24h
Calcémie	<3mmol/L		>3mmol/L
Lésions osseuses	Aucune		3 atteintes ou plus
Critères	TOUS PRESENTS		UN SEUL CRITERE SUFFIT

Chaque stade peut être de type A ou B selon la fonction rénale :
- A = fonction rénale préservée avec créatininémie < 180 µmol/L
- B = fonction rénale dégradée avec créatininémie ≥ 180 µmol/

- **Le pronostic peut être aussi évalué grâce à l'IPI (index pronostic international) :**

	β2-microglobuline		Albuminémie
Stade I	<3,5 mg/L	ET	≥35 g/L
Stade II	<3,5 mg/L	ET	<35 g/L
	≥3,5 mg/L et <5,5 mg/L		
Stade III	≥ 5,5 mg/L		

HEPATO-GASTRO-ENTEROLOGIE — Chapitre 16

1 Hépatites virales.

TYPE DE PROFIL SEROLOGIQUE DE L'HEPATITE B

Type	Description
Portage chronique asymptomatique	Ag Hbs positifs depuis > 6 mois, Ac anti-Hbs négatifs, Ac anti-Hbc positifs, **charge virale négative** ou < 10.000 copies/mL, Ag Hbe négatifs, Ac anti-Hbe positif ; **transaminases normales** contrôlées 3 fois sur 6 mois, échographie hépatique normale
Hépatite B chronique active (virus sauvage)	Ag Hbs positifs depuis > 6 mois, Ac anti-Hbs négatifs, Ac anti-Hbc positifs, **charge virale** (CV) **> 100.000 copies/mL, Ag Hbe positifs**, Ac anti-Hbe négatifs
Hépatite chronique B active de type mutant pré-C	Ag Hbs positifs depuis > 6 mois, Ac anti-Hbs négatifs, Ac anti-Hbc positifs, charge virale > 10.000 copies/mL, **Ag Hbe négatifs, Ac anti-Hbe positifs**

2 Maladie de Crohn et Rectocolite hémorragique.

INDICE DE BEST (CROHN DISEASE ACTIVITY INDEX)

- Evaluation de l'activité de la maladie de Crohn
- Recueil sur 7 jours :
  - Nombre de selles
  - Douleurs abdominales
  - Bien-être général
  - Manifestations extra-digestives
  - Consommation d'anti-diarrhéiques
  - Masse abdominale
  - Variation de poids
  - Hématocrite

CLASSIFICATION DE TRUELOVE ET WITTS

Evaluation de l'activité de la Rectocolite hémorragique:

- Nombre de selles par jour (≥ 6 selles/jour)
- Température vespérale (≥ 37,8°C sur 2 jours ou ≥ 37,5°C sur 4 jours)
- Rythme cardiaque (≥ 90/min)
- Hémoglobine (≤ 10,5 g/dL)
- VS à la première heure (≥ 30 mm)

3 Transplantation d'organes : aspects épidémiologiques et immunologiques ; principes de ttt et surveillance ; complications et pronostic.

INDICATIONS DE LA TRANSPLANTATION HEPATIQUE CRITERES DE MILAN

Hépatites virales

- Hépatite fulminante
- Cirrhose décompensée

Cirrhose :

- Child-Pugh C
- Carcinome hépato-cellulaire

Carcinome hépato-cellulaire :

- **Critères de Milan :**
  - **Tumeur unique < 5 cm**
  - **2 à 3 nodules < 3 cm**

4 Tumeurs colorectales.

CLASSIFICATION DE VIENNE DES POLYPES

- Catégorie 1 : absence de néoplasie
- Catégorie 2 : polype indéfini
- Catégorie 3 : néoplasie de bas grade
- Catégorie 4 : néoplasie de haut grade = tumeur in situ = pTis
- Catégorie 5 : cancer infiltrant la sous-muqueuse = pT1

CLASSIFICATION TNM ET DUKES

Dukes	Stade TNM	TNM	Colon et haut rectum	Moyen et bas rectum
A	Stade 0	Tis carcinome in situ	Muqueuse	Muqueuse
	Stade I	T1	Sous muqueuse	Sous-muqueuse
		T2	Musculeuse	Musculeuse
B	Stade IIA	T3	Sous-séreuse	Mésorectum
	Stade IIB	T4	Séreuse graisse péricolique organes de voisinage	Envahissement des organes pelviens
C	Stade IIIA (T1-T2/N1/M0) Stade IIIB (T3-T4/N1/M0)	N1	1-3 ganglions	1-3 ganglions
	Stade IIIC	N2	> 4 ganglions	> 4 ganglions
D	Stade IV	M1	Métastases (dont ganglions sus-claviculaires et iliaques externes)	Métastases (dont ganglions sus-claviculaires et iliaques externes)

5 Tumeurs de l'estomac.

CLASSIFICATION TNM

Tumeur	
Tis	Cancer in situ
T1	Atteinte de la musculaire muqueuse, sous-muqueuse
T2	Atteinte de la musculeuse, sous séreuse
T3	Franchissement de la sous-séreuse
T4	Atteinte des structures de voisinage
Adénopathies	
N0	Pas d'atteinte ganglionnaire
N1	Un à six ganglions atteints
N2	Sept à quinze ganglions atteints
N3	Plus de quinze ganglions atteints
Métastases	
M0	Absence de métastase
M1	Métastase à distance

Résultats de la pièce d'anatomopathologie : pTxNxMX
Résultats pré-opératoires de l'écho-endoscopie : usTxNxMx

CLASSIFICATION DU LYMPHOME DISSEMINE

Type	Détails
Stade IE	1 ou plusieurs sites digestifs atteints, sans atteinte ganglionnaire
Stade IIE	1 ou plusieurs sites digestifs atteints, avec atteinte ganglionnaire régionale intra-abdominale
Stade IIIE	1 seul site digestif atteint avec atteinte ganglionnaire de part et d'autre du diaphragme
Stade IVE	Atteinte d'1 ou plusieurs organes extra-ganglionnaires

6 Tumeurs du foie.

CLASSIFICATION TNM de l'HEPATOCARCINOME

	Tumeur
T1	Tumeur solitaire mesurant moins de 2 cm sans infiltration vasculaire
T2	Tumeur < 2 cm avec infiltration vasculaire, plusieurs tumeurs < 2 cm, sans infiltration vasculaire, une tumeur > 2 cm sans infiltration vasculaire
T3	Une tumeur > 2 cm avec infiltration vasculaire, plusieurs tumeurs dans un lobe avec infiltration vasculaire, multiples lésions > 2 cm dans un seul lobe
T4	Multiples tumeurs dans plus d'un lobe, infiltration de la veine porte ou de la veine hépatique, infiltration d'un organe adjacent (autre que la vésicule), perforation du péritoine viscéral
	Adénopathies
N0	Pas d'atteinte ganglionnaire
N1	Ganglions locaux envahis
	Métastases
M0	Absence de métastase
M1	Métastase à distance

CLASSIFICATION D'OKUDA : → PRONOSTIC

Classification pronostiques comprenant 4 critères :

- Taux de bilirubine sérique > 30 mg/L
- Taux d'albumine < 30 g/L
- Présence d'une ascite
- Taille de la tumeur > 50 % du volume du foie

Stade	Critères	Médiane de Survie sans traitement
I	Aucun	8 mois
II	1 ou 2	3 mois
III	3 ou 4	6 semaines

7 Tumeurs de l'œsophage.

CLASSIFICATION TNM

	Tumeur
Tis	Carcinome in situ
T1	Infiltration de la muqueuse et de la sous-muqueuse
T2	Infiltration de la musculeuse
T3	Infiltration de l'adventice
T4	Infiltration des structures de voisinage
	Adénopathies
N0	Pas de ganglions envahis
N1	Envahissement des ganglions médiastinaux et cervicaux pour les tumeurs du 1/3 supérieur
N2	Envahissement des ganglions cervicaux
	Métastases
M0	Absence de métastase
M1	Métastase à distance

8 Tumeurs du pancréas.

CLASSIFICATION TNM

	Tumeur
T1	Tumeur limitée au pancréas : • T1a : < 2 cm dans sa plus grande dimension • T2b : > 2 cm dans sa plus grande dimension
T2	Tumeur étendue à : duodénum, canal biliaire, tissu péri-pancréatique
T3	Tumeur étendue à : estomac, rate, colon, gros vaisseaux adjacents
	Adénopathies
N0	Pas de ganglions régionaux envahis
N1	Ganglions régionaux envahis
	Métastases
M0	Absence de métastase
M1	Métastase à distance

9 Evaluation de la gravité et recherche de complications précoces : brûlé, polytraumatisé, trauma crânio-facial, trauma abdo, trauma des membres…

CLASSIFICATION DE BUTAIN DES TRAUMATISMES SPLENIQUES

Stade	Détails
1	Hématome sous-capsulaire
2	Hématome intraparenchymateux
3	Fracture et atteinte du hile
4	Eclatement – rupture

CLASSIFICATION DE MOORE DES TRAUMATISMES HEPATIQUES

Grade	Hématome	Fracture	Lésions vasculaires
1	Sous-capsulaire < 10 % de la surface	Capsulaire inférieure à 1 cm de profondeur	-
2	Sous capsulaire entre 10 et 50 % de la surface Intraparenchymateux < 10 cm de diamètre	Parenchymateuse de 1 à 3 cm de profondeur et inférieur à 10 cm de longueur	-
3	Sous-capsulaire rompu ou > 50 % de la surface ou expansif Parenchymateux rompu Intraparenchymateux > 10 cm ou expansif	Parenchymateuse supérieure à 3 cm de profondeur	-
4	-	Parenchymateuse de 25 à 75 % d'un lobe ou de 1 à 3 segments unilobaires	-
5	-	Parenchymateuse supérieure à 75 % d'un lobe ou de 1 à 3 segments unilobaires	Veine sus hépatique Veine cave rétrohépatique
6	-	-	Avulsion hépatique

10 Hémorragie digestive.

CLASSIFICATION DE FORREST

Stade	Détails
Stade I	Ia : saignement actif en jet Ib : suintement diffus
Stade II	IIa : vaisseau visible non hémorragique IIb : caillot adhérent IIc : taches pigmentées
Stade III	Cratère à fond propre

11 Cirrhose et complications.

Score de Child-Pugh

	1 point	2 points	3 points
Encéphalopathie	Absente	Grade 1 et 2	Grade 3 et 4
Ascite	Absente	Minime	Modérée
Bilirubine totale (µmol/L)	< 35	35-50	> 50
Albumine (g/L)	> 35	28-35	< 28
TP (%)	> 50	40-50	< 40

Il définit 3 stades de gravité :

- Classe A : de 5 à 6 points
- Classe B : de 7 à 9 points
- Classe C : de 10 à 15 points

GRADES DE SEVERITE E L'ENCEPHALOPATHIE HEPATIQUE

Stade	Détails
1	Insomnie, confusion
2	Abattement, comportement anormal
3	Somnolence, désorientation
4	Coma

12 Colopathie fonctionnelle.

CRITERES DE ROME (II, III et modifications)

Groupe de pathologies caractérisées par :

- L'absence d'explication des symptômes par une étiologie inflammatoire, anatomique, métabolique et néoplasique.
- L'apparition des symptômes depuis au moins 6 mois et présence continue depuis au moins 3 mois avant le diagnostic

Pathologies	Critères de Rome
Syndrome de l'intestin irritable	Inconfort abdominal ou douleurs (symptôme le plus fréquent des TFI) ayant au moins 2 des 3 caractéristiques suivantes : • Soulagé par la défécation • Associé à une modification de la fréquence des selles • Associé à une modification de la consistance des selles
Ballonnement abdominal fonctionnel	Sensation de ballonnement, de plénitude abdominale ou de météorisme visible (sans critères suffisants pour définir un syndrome de l'intestin irritable où un ballonnement est fréquemment associé).
Constipation fonctionnelle	Au moins 2 des 6 critères suivants (sans qu'il existe des critères suffisants pour définir un syndrome de l'intestin irritable) : • Effort de poussée dans plus d'une défécation sur 4 • Selles grumeleuses ou dures dans plus d'une défécation sur 4 • Sensation d'obstruction ano-rectale ou de blocage dans plus d'une défécation sur 4 • Sensation d'évacuation incomplète • Manœuvres manuelles (maintien du périnée voire évacuation digitale) pour faciliter plus d'une défécation sur 4 • Moins de 3 défécations par semaine
Diarrhée fonctionnelle	Consistance liquide de plus de 3/4 des selles, sans douleur abdominale. (Sans critères suffisants pour définir un syndrome de l'intestin irritable)

Troubles intestinaux fonctionnels aspécifiques	Tout autre trouble fonctionnel intestinal ne correspondant pas aux entités précédentes
Syndrome de douleur abdominale fonctionnelle	Douleurs abdominales (sans critères suffisants pour définir un syndrome de l'intestin irritable) : • Continues ou presque • Pas ou peu de relation avec l'alimentation, la défécation ou les menstruations • Non simulées • Retentissant sur l'activité quotidienne Entité désormais à part des colopathies fonctionnelles dans la classification de Rome III car amplification anormale des signaux sensitifs viscéraux responsables des douleurs

13 Hémochromatose.

STADIFICATION DE L'HEMOCHROMATOSE

	Stade 0	Stade 1	Stade 2	Stade 3	Stade 4
Clinique	Normale			Qualité de vie: asthénie, hypogo-nadisme, mélanodermie	Pronostic vital : cirrhose/ CHC, diabète, IC
Ferri-tinémie	Normale		> 200 µg/L (♀), > 300 (♂)		
CST	< 45%	> 45%			
Prise en charge	Sur-veillance/ 3 ans	Sur-veillance / an	Bilan des complications + saignées + surveillance	Bilan-traitement-dépistage de toutes les complications + saignées + surveillance	

14 Pancréatite aiguë.

SCORE DE BLAMEY
(EN FAVEUR DE L'ORIGINE BILIAIRE D'UNE PANCREATITE AIGUE)

- Sexe féminin
- Age > 50 ans
- Phosphatases alcalines > 2,5 N (meilleur marqueur biologique)
- ALAT > ASAT, ou ALAT > 2-3N
- Amylase > 13 N

CRITERES PRONOSTIQUES DE LA PANCREATITE AIGUE

Type	Critères
Clinique	• Critères majeurs : IMC > 30, tares, âge > 80 ans, fièvre • Signes de choc ou de défaillance viscérale, signe de Grey-Turner (écchymoses des flancs), signe de Cullen (écchymoses péri-ombilicales)
Biologique	• CRP >150 à H48 • Score de Ranson (évaluation unique, à H48, pour les PA biliaires ou OH) ≥ 3 • Score d'Imrie > 3
Imagerie	• TDM réalisé à H72 (avant : sous-estimation des lésions) avec score de Balthazar > 4

SCORE D'IMRE

- Age ≥ 55 ans
- Leucocytes ≥ 16.000/mm3
- Glycémie ≥ 10 mmol/L
- LDH ≥ 3,5 N
- Urée ≥ 16 mmol/L
- Calcémie ≤ 2 mmol/L
- PaO2 ≤ 60 mmHg
- ASAT ≥ 2N
- Albumine ≤ 32 g/L
  (1 point par item)

SCORE DE RANSON

Type	Critères
A l'admission	**G**lycémie ≥ 11 mmol/L **A**ge ≥ 55 ans **L**eucocytes ≥ 16.000/mm^3 **L**DH ≥ 1,5 N **A**SAT ≥ 6N
Avant la 48ème heure	Diminution des **B**icar ≥ 4 mmol/L PaO_2 ≤ 60 mmHg Augmentation de l'**U**rée ≥ 1,8 mmol/L **C**alcémie ≤ 2 mmol/L Diminution de l'**H**ématocrite ≥ 10% **E**au : séquestration liquidienne ≥ 6 L

Moyen mnémotechnique : GALLA-BOUCHE
1 point par item: score de 0 à 11

SCORE DE BALTHAZAR

Avant injection		Après injection	
Pancréas normal	A : 0	0% de nécrose	0
Augmentation diffuse ou focale du volume pancréatique	B : 1	< 30 % de nécrose	2
Infiltration de la graisse alentour	C : 2	30 à 50 % de nécrose	4
1 seule coulée de nécrose péri-pancréatique	D : 3	> 50 % de nécrose	6
2 ou + coulées de nécrose péri-pancréatiques ou à distance, Ou 1 coulée avec bulle d'air	E : 4		

Score de 0 à 10

Les scores APACHE II, SAPS (Simplified Acute Physiologic Score) ou OSF (Organ System Failure) ne sont pas à apprendre.

15 Reflux gastro-œsophagien. (P)

CLASSIFICATION DE SAVARY-MILLER STADES DE L'ŒSOPHAGITE PEPTIQUE

	Aspect endoscopique de l'œsophagite peptique
Grade 1	Erosion(s) non confluente(s)
Grade 2	Erosions multiples confluentes non circonférentielles
Grade 3	Erosions confluentes circonférentielles non sténosantes
Grade 4	Œsophagite peptique compliquée : ulcération ou sténose ou EBO

16 Ascite.

CLASSIFICATION ETIOLOGIQUE

	Avec hypertension portale (gradient d'albumine > 11 g/L)	Sans hypertension portale (gradient d'albumine < 11 g/L)
Ascite pauvre en protides (< 25 g/L)	Blocs infra-hépatiques : • Thrombose portale Blocs intra-hépatiques : • Cirrhose (80%) • Bilharziose hépatique • Maladie veino-occlusive Blocs supra-hépatiques : • Syndrome de Budd-Chiari	Avec anasarque : • Syndrome néphrotique • Insuffisance cardiaque congestive • Dénutrition majeure • Entéropathie exsudative Sans anasarque : • Syndrome de Demons-Meigs • Hyperstimulation ovarienne
Ascite riche en protides (> 25g/L)	Blocs supra-hépatiques : • Péricardite constrictive • Insuffisance cardiaque droite • Obstacle cave inférieur • Syndrome de Budd-Chiari	• Carcinose péritonéale (pancréas, ovaires, tube digestif, utérus, sein): cellules malignes à la cytologie, ACE et Ca 19-9 élevés en biochimie • Ascite pancréatique : amylase élevée en biochimie • Ascite tuberculeuse • Mésothéliome péritonéal

Remarque : ascite chyleuse : liquide lactescent, triglycérides > 2 g/L

17 Diarrhée aiguë.

CRITERES DIAGNOSTIQUES (OMS)

- Diarrhée persistante : diarrhée de plus de 2 semaines, et de moins d'1 mois

18 Diarrhée chronique.

CRITERES DIAGNOSTIQUES

- Critère immunologique : IgA anti-transglutaminase positifs
- Critère histologique : atrophie villositaire totale ou sub-totale
- Critère évolutif : amélioration des symptômes sous régime sans gluten

PSYCHIATRIE

Chapitre 17

1 Développement psychomoteur du nourrisson et de l'enfant : aspects normaux et pathologiques.

QUOTIENT INTELLECTUEL

- Quantifier le retard psychomoteur
- Calcul du QI (Quotient intellectuel) :
  - Intelligence normale : QI=100
  - Débilité légère : QI entre 70 et 85
  - Retard mental : QI inférieur à 70

2 Troubles du comportement alimentaire de l'enfant et de l'adulte.

PRINCIPAUX CRITERES DIAGNOSTIQUES

Anorexie mentale

- Anorexie : restriction alimentaire volontaire
- Amaigrissement : ≥ 25% du poids initial
- Aménorrhée (pas de plainte)

Crise boulimique : 3 phases :

- Besoin impérieux d'absorber des aliments avec lutte anxieuse
- Absorption d'une grande quantité d'aliments hypercaloriques en peu de temps
- Malaise physique, honte et culpabilité, parfois vomissements provoqués

Boulimie si ≥ 2 crises/semaine pendant 3 mois, par accès (intervalles libres)

EVALUATION DE LA CONSOMMATION TABAGIQUE

Quantité	Nombre de paquets par jour x nombre d'année de consommation : • Quantifié en paquets-année (1 PA = 1 paquet fumé/jour pendant 1 an) • Pour rappel : 1 paquet = 20 cigarettes
Durée	• Addiction si consommation régulière > 1 mois

TEST DE FAGERSTRÖM - SCORE DE DEPENDANCE A LA NICOTINE

Questions	Réponses	Points
Dans quel délai après votre réveil fumez-vous votre première cigarette ?	≤ 5 minutes 6-30 minutes 31-60 minutes > 1 heure	**3** **2** **1** **0**
Trouvez-vous difficile de vous abstenir de fumer dans les lieux interdits ?	Oui Non	**1** **0**
Quelle cigarette trouvez-vous la plus indispensable ?	La première le matin N'importe quelle autre	**1** **0**
Combien de cigarettes fumez-vous par jour ?	≤ 10 (1/2 paquet) 11-20 (1 paquet) 21-30 > 30 (> 2 paquets)	**0** **1** **2** **3**
Fumez-vous à un rythme plus soutenu le matin que l'après-midi ?	Oui Non	**1** **0**
Fumez-vous même si une maladie vous oblige à rester au lit ?	Oui Non	**1** **0**

0-2 : pas de dépendance
3-4 : dépendance faible
5-6 : dépendance moyenne
7-8 : dépendance forte
9-10 : dépendance très forte

4 Deuil normal et pathologique.

PHASES DU DEUIL NORMAL

Phase	Durée	Descriptif
Détresse	Quelques heures à quelques jours	• Etat de choc, d'hébétude, d'incrédulité durant lequel le sujet agit de façon automatique. • Association à des troubles du sommeil, de l'appétit, asthénie intense et illusion perceptive de la présence du défunt
Dépression	Quelques semaines à 1 an	• Symptômes dépressifs (culpabilité, tristesse…) • Perturbations du fonctionnement social (désinvestissement) • Pensées centrées sur le défunt
Résolution	Quelques mois à quelques années	• Décès progressivement accepté • Le patient retrouve ses activités et ses intérêts habituels

GERIATRIE

Chapitre 18

1 Complications de l'immobilité et du décubitus : prévention et prise en charge.

STADIFICATION DES ESCARRES

Stades	Intitulés	Cliniques	Traitements
0	Menace d'escarre	Facteurs de risques d'escarres Erythème blanchissant à la pression digitale	Mesures préventives et surveillance
I	Erythème	Erythème persistant Pas de blanchissement à la pression digitale	Pansement hydrocolloïde
II	Désépidermisation	Perte d'une partie de l'épaisseur qui touche l'épiderme +/- le derme. L'escarre est superficielle : • Abrasion • Phlyctène • Ulcération superficielle	Incision des phlyctènes, désinfection puis cicatrisation dirigée (pansements hydrocolloïdes ou hydrocellulaires)
III	Ulcération marquée	Ulcération profonde avec altération ou nécrose du tissu sous cutané + /- jusqu'au fascia, mais pas au-delà	Cicatrisation dirigée sous analgésie efficace : • Détersion mécanique (curette) ou chimique : éliminer dépôts fibrineux • Pansement favorisant les phases de bourgeonnement et d'épidermisation
IV	Ulcération profonde	Perte de toute l'épaisseur de la peau, au-delà des fascias, avec atteinte des muscles, des os, des tendons ou des articulations	

2 Ostéoporose.

DEFINITION OMS OSTEODENSITOMETRIQUE

Normalité	**Densité minérale osseuse (DMO) de moins d'un écart-type par rapport à celle de l'adulte jeune (T-score > -1 DS)**
Ostéopénie	-2,5 DS < T-score ≤ -1 DS
Ostéoporose	**T-score ≤ -2,5 DS**
Ostéoporose sévère ou confirmée	T-score < -2,5 DS et présence d'une ou plusieurs fractures

Ostéoporose : DMO inférieure à la « moyenne de référence chez l'adulte jeune moins 2,5 écart-type » ou T-score ≤ -2,5 DS

3 Arthrose.

CRITERES ACR : GONARTHROSE OU COXARTHROSE

Critères ACR : gonarthrose ou coxarthrose si 3 sur 4 présents :

- Age > 50 ans
- Douleurs mécaniques du genou ou de la hanche
- Ostéophyte ou pincement de l'interligne
- VS < 20 mm

4 La personne âgée malade : particularité sémiologique, psychologique et thérapeutique.

MODELE 1 + 2 + 3 DE J. P BOUCHON

- **1 = vieillissement physiologique** de l'organe qui n'atteint jamais le seuil d'insuffisance d'organe
- **2 = maladie chronique** qui peut, en évoluant progressivement, amener à la défaillance d'organe
- **3 = facteur précipitant** qui amène l'organe dans la zone d'insuffisance assez brutalement. Généralement curable.

5 Troubles nutritionnels chez le sujet âgé.

CRITERES DE DEPISTAGE DE LA DENUTRITION

Type	Critères
Outils de diagnostic clinique	• Rechercher des situations à risque de dénutrition • **Calcul d'ingestats** : carnet alimentaire, enquête diététique • Mesure du **poids** et évaluation de la perte de poids par rapport au poids antérieur • Calcul de l'Indice de Masse Corporelle : **IMC** = poids/taille² (kg/m²) • Evaluation de la masse maigre : **circonférence brachiale** et du mollet • Evaluation de la masse grasse : mesure des **plis cutanés tricipitaux** • Signes de **carences protéiques** : œdèmes, hépatopathie molle... • Dépistage clinique formalisé par un questionnaire : le **Mini Nutritional Assessment (MNA)**
Outils de diagnostic biologique	• Toujours interpréter les dosages des protéines nutritionnelles en tenant compte de l'état inflammatoire du malade, évalué par le dosage de la **CRP** • **Albumine** : seuil pathologique < 35 g/l • **Transthyrétine** ou **pré-albumine** : seuil pathologique < 200 mg/l • Taux de lymphocytes : lymphopénie < 1200/mm³

CRITERES DIAGNOSTIQUES DE DENUTRITION (HAS 2007)

Type	Critères
Dénutrition	• **Perte de poids** : ≥ 5% en 1 mois, ou ≥ 10% en 6 mois • **IMC** < 21 • **Albuminémie** < 35 g/L • **MNA global** < 17
Dénutrition sévère	• **Perte de poids** : ≥ 10% en 1 mois ou ≥ 15% en 6 mois • **IMC** < 18 • **Albuminémie** < 30 g/L

6 Troubles de la marche et de l'équilibre. Chutes chez le sujet âgé.

TESTS D'EVALUATION ET DE SUIVI FONCTIONNEL DEPISTAGE DES SUJETS A RISQUE DE CHUTE

Type	Descriptifs
Appui monopodal	• Impossibilité de tenir 5 secondes sur une jambe = risque augmenté de chute
Test de Tinetti	• Test de référence évaluant 13 items, en cinétique et en statique • Long et compliqué, le plus souvent réalisé par les kinésithérapeutes
Timed up and go test	• Le patient doit se lever d'un siège avec accoudoir, marcher 3 mètres, faire demi-tour et revenir vers la chaise, en faire le tour et puis s'asseoir. • > 20 secondes = risque de chute
Stop walking when talking	• Sujet obligé de s'arrêter de marcher pour parler = augmentation du risque de chute
Test de Romberg	• Cf neurologie

7 Confusion, dépression et démence chez le sujet âgé.

CLASSIFICATION DES METHODES D'EVALUATION

Type	Descriptifs
Evaluation cognitive globale (tests psychométriques)	• De manière standardisée à l'aide du MMSE (Mini Mental Status Examination) • Test du cadran de l'horloge • Test des 5 mots de Dubois
Evaluation fonctionnelle	Apprécier le retentissement des troubles cognitifs sur les activités de la vie quotidienne : • Echelle ADL (Activities of Daily Living) pour les activités basiques de la vie quotidienne

	• Echelle IADL (Instrumental Activities of Daily Living) • Echelle simplifiée comportant les 4 items les plus sensibles : utilisation du téléphone, utilisation des transports, prise de médicaments, gestion des finances)
Evaluation thymique et comportementale	Rechercher une dépression qui peut se présenter sous l'aspect d'un syndrome démentiel, mas surtout peut accompagner ou inaugurer un syndrome démentiel : • Echelle GDS (Geriatric Depression Scale) • Rechercher des troubles affectifs, comportementaux ou d'expression psychiatrique (troubles du sommeil, apathie, dépression, anxiété, hyper émotivité, irritabilité, agressivité, hallucinations, idées délirantes…) : • Echelle NPI (NeurPsychiatric Inventory) • EDF (Echelle de Dysfonctionnement Frontal)

CLASSIFICATION DE LA MALADIE D'ALZEIHMER

Stade	MMSE	Critères
Léger	**> 20**	• Inhibiteur de l'acétylcholinestérase (Aricept, Exelon) • Débuter le traitement par un spécialiste (gériatre, psychiatre ou neurologue) • Augmentation progressive des doses : débuter le traitement à la dose minimale, puis augmentation progressive de la posologie jusqu'à la dose maximale préconisée et tolérée • Effets secondaires anticholinergiques : ECG avant la prescription chez les patients ayant des antécédents cardiaques
Modéré	**> 10 < 20**	• Inhibiteur de la cholinestérase ou antiglutamate
Sévère	**< 20**	• Antiglutamate

SCORE D'EVALUATION DE LA DEPENDANCE D'UNE PERSONNE AGEE

Type	Descriptifs
Evaluation physique	• MNA (Mini Nutritional Assessment) pour dépister une dénutrition • Epreuve de Tinetti pour les troubles de l'équilibre
Evaluation psychique	• GDS (Geriatric Depression Scale) : évaluation des troubles thymiques • MMS (Mini Mental Status) : évaluation des troubles cognitifs par un test d'efficience globale • Test des 5 mots de Dubois : exploration de la mémoire • Critiques d'histoires absurdes : évaluation de la capacité de jugement • Test de l'horloge : évaluation des praxies constructives et des fonctions exécutives • Dénomination d'objets : recherche de troubles phasiques
Evaluation fonctionnelle	Echelle des activités de la vie quotidienne (Activities of Daily Living = ADL de Katz) : • Evaluation des soins corporels, de l'habillement, de la toilette, des transferts, de la continence et de l'alimentation Echelle des activités instrumentales de la vie quotidienne (Instrumental Activities of Daily Living = IADL de Lawton) : • Evaluation de la capacité à téléphoner, faire les courses, faire la cuisine, faire le ménage, s'occuper du linge, se déplacer, prendre ses médicaments, gérer son argent Grille AGGIR (Autonomie Gérontologique – Groupes Iso-Ressources) : • Echelle française de référence pour l'attribution de l'APA (Allocation Personnalisée à l'Autonomie) et l'entrée en institution • Classement des sujets en 6 groupes iso-ressources (GIR) de dépendance différente : - GIR 1 : perte d'autonomie totale - GIR 6 : personne ayant une autonomie suffisante pour les principaux actes de la vie quotidienne • Evaluation de la cohérence, de l'orientation, de la toilette, de l'habillage, de l'alimentation, de l'élimination urinaire et fécale, des transferts, des déplacements à l'intérieur (y compris avec canne ou déambulateur), de l'alerte (communication à distance)
Evaluation sociale	Visite à domicile d'un ergothérapeute, +/- assistante sociale

9 Bases neurophysiologiques et évaluation d'une douleur aiguë et chronique.

ECHELLE VISUELLE ANALOGIQUE : EVA
ECHELLE NUMERIQUE : EN

Evaluation d'une douleur aiguë par échelle d'auto-évaluation unidimensionnelle :

- Echelle visuelle analogique EVA
- Echelle numérique EN

Tableau de correspondance entre l'intensité de la douleur et le niveau antalgique requis :

Palier OMS	EVS = Echelle Verbale Simple	EVA = Echelle Visuelle Analogique
Palier 1	Douleur faible à modérée	< 4
Palier 2	Douleur modérée à sévère	4 < EVA < 7
Palier 3	Douleur très intense	> 7

10 Soins palliatifs pluridisciplinaires chez un malade en fin de vie

	Soins curatifs	Soins palliatifs
Buts	• Guérison • Durée de vie	• Confort • Qualité de vie
Thérapeutique curative	• Justifiée	• Non justifiée • Acharnement thérapeutique
Lieu de prise en charge	• Domicile, maisons de retraites • Hopitaux, cliniques	• Domicile, maisons de retraite • Hôpitaux, cliniques • Unités de soins palliatifs
Approche	• Médico-technique	• Pluridisciplinaire
Présentation de la mort	• Echec naturel	• Evènement naturel

11 Recherche d'un terrain à risque et adaptation thérapeutique. Interactions médicamenteuses.

CLASSIFICATION INDUCTEUR INHIBITEUR ENZYMATIQUE

Détails	Inducteur enzymatique	Inhibiteur enzymatique
Effet	Augmente le métabolisme hépatique d'un médicament	Diminue le métabolisme hépatique d'un médicament
Conséquence Biologique	Diminution de la concentration plasmatique de celui-ci	Augmentation de la concentration plasmatique de celui-ci
Principaux médicaments (listes non exhaustives)	• Anti-épileptiques : carbamazépine, phénytoïne • Antifongiques • Antirétroviraux • Rifampicine et rifabutine	• Macrolides • Anti-arythmiques • Antifongiques • Anti-protéases • Inhibiteurs calciques • Inhibiteurs de la recapture de la sérotonine

12 Dyspnée aiguë ou chronique

CLASSIFICATION DE L'INTENSITE DE LA DYSPNEE

Stade	Classification NYHA (New-York Heart Association)	Classification M. R. C. (Medical Research Council)
0	-	Dyspnée pour les efforts soutenus (monter 2 étages)
I	Aucune limitation d'effort physique	Dyspnée lors de la marche rapide ou en pente
II	Dyspnée aux efforts les plus intenses de la vie quotidienne (marche rapide)	Dyspnée à la marche sur terrain plat en suivant quelqu'un de son âge ou obligeant à s'arrêter pour reprendre son souffle en marchant sur terrain plat à son propre rythme

III	Dyspnée aux efforts légers	Dyspnée obligeant à s'arrêter pour reprendre son souffle après quelques minutes ou une centaine de mètres sur terrain plat
IV	Dyspnée de repos ou au moindre effort (parole)	Dyspnée au moindre effort de la vie courante (habillage) ou trop essoufflé pour quitter le domicile
Spécialités de prédilection	**Cardiologie**	**Pneumologie**

13 Malaise, perte de connaissance, crise comitiale chez l'adulte

PHASES D'UNE CRISE D'EPILEPSIE

Phase	Durée	Clinique
Tonique	30sec	• Contractions intenses des muscles du tronc et des membres, • Cyanose • Apnée
Clonique	1 à 2min	• Secousses musculaires brusques généralisées et synchrones
Résolutive	Inférieure à 30 min	• Hypotonie postcritique et coma généralisé

- Début : brutal par un cri et une chute associée à une perte de connaissance
- Fin : période de confusion post-critique plus ou moins longue

EQUATION D'HENDERSON-HASSELBACH

- pH = 6.1 + log HCO3 - / pCO2

pH	pH inférieur	pH normal	pH supérieur
	< 7.37	7.37-7.43	> 7.43
Troubles acido-basiques	Acidose	-	Alcalose
Métabolique	HCO3 ↓, PCO2↓	HCO3 Normal PCO2 Normal	HCO3 ↑, PCO2↑
Respiratoire	PCO2↑ , HCO3 ↑		PCO2↓, HCO3 ↓

CALCUL DE L'OSMOLALITE DANS LE CADRE D'UNE HYDRATATION INTRACELLAIRE

- Osmolalité = (Na x 2) + glycémie
- Normale = 285 ± 5 mmol/L

15 Fibrillation auriculaire.

CLASSIFICATION DES ACFA

Type	Critères
Paroxystique et récurrente	• Accès < 7 jours, le plus souvent < 24 h
Persistante	• > 7 jours
Permanente	• > 1 an ou échec de la cardioversion

SCORE DE CHADS

Critères :

Type	Critères
1 point	• Congestive : FEVG < 35% (1 point) ou antécédent d'OAP (1 point)
1 point	• HTA
1 point	• Age > 75 ans
1 point	• Diabète
2 points	• Stroke : antécédent d'AVC

Score CHADS > 2 si FA non valvulaire

CARDIOLOGIE — Chapitre 19

1 Endocardite infectieuse.

ANTIBIOPROPHYLAXIE DE L'ENDOCARDITE INFECTIEUSE CHEZ LES PATIENTS A RISQUE

	Gestes buccodentaires à risque	Gestes buccodentaires non à risque	Nécessité d'une anesthésie générale
Patients du groupe A	Amoxicilline 3 g *PO* une heure avant	Rien	Amoxicilline 2 g IV une heure avant puis 1g *PO* 6h après
Patients du groupe B	Optionnelle : amoxicilline 3 g *PO* une heure avant	Rien	
Allergie aux β-lactamines	Clindamycine ou pristinamycine	Rien	Vancomycine 1 g IV une heure avant

2 Surveillance des porteurs de valves et de prothèses vasculaires.

CLASSIFICATION DES VALVES CARDIAQUES

	Valves mécaniques	Bioprothèses
Avantages	• Durée : **à vie**	• Faible risque thrombogène • **Pas d'AVK** au long cours
Inconvénients	• Risque **thrombogène** élevé • **AVK à vie** • Complications des AVK (**hémorragiques)**	• Durée de vie : **8 - 20 ans** • Risque de **dégénérescence** • **Réintervention** chirurgicale

Indications	• **Désir** du patient • Sujets **< 65 ans** avec espérance de vie élevée • **Pas de CI** aux AVK et observance parfaite • **Autres indications** d'AVK (FA chronique, MTEV)	• **Désir** du patient • Sujets **> 70 ans** ou faible espérance de vie • **CI** aux AVK ou impossibilité de suivre le traitement • Désir de **grossesse**

REGLES D'ANTICOAGULATION DES PROTHESES VALVULAIRES

L'INR cible dépend de la **thrombogénicité de la prothèse** et **du risque thrombo-embolique du patient :**

- La thrombogénicité de la prothèse varie selon le type de prothèse
- Les FDR thrombo-emboliques des patients porteurs de valves mécaniques sont :
  - La position mitrale, tricuspide ou pulmonaire de la prothèse
  - Antécédent d'accident thrombo-embolique artériel (AVC, ischémie aiguë des membres inférieurs)
  - La fibrillation auriculaire
  - L'oreillette gauche dilatée
  - FEVG < 35% (insuffisance cardiaque gauche systolique)
  - Etat d'hypercoagulabilité
  - Rétrécissement mitral associé

Potentiel thrombogène de la prothèse	Pas de FDR thrombotique	Au moins un FDR thrombotique
Faible : à double ailettes type St Jude	**INR : 2,5**	**INR : 3**
Moyen	**INR : 3**	**INR : 3,5**
Elevé : valve de Starr	**INR : 3,5**	**INR : 4**

Remarque : les bioprothèses en rythme sinusal nécessitent une anticoagulation curative avec objectif INR entre 2 et 3 pendant les 3 premiers mois post-opératoire

3 Facteurs de risque cardio-vasculaires et prévention.

FORMULE DE FRIEDEWALD

- Paramètres : cholestérol total, HDL cholestérol, triglycérides
- Formule de Friedewald : LDL (g/L) = CT (g/L) – HDL (g/L) – TG/5 (g/L)

OBJECTIFS LDL

- 0 FDR : LDL < 2,2 g/L
- 1 FDR : LDL < 1,9 g/L
- 2 FDR : LDL < 1,6 g/l
- > 3 FDR : LDL < 1,3 g/L
- Patient à haut risque cardio-vasculaire : LDL < 1 g/L :
  - Antécédent de maladie cardio-vasculaire avérée
  - Diabète de type 2 à haut risque
  - RCV global élevé (> 20% à 10 ans)

4 Hypertension artérielle de l'adulte.

CRITERES DE TRAITEMENT DE L'HTA ESSANTIELLE

Objectif :

- PAS < 140 et PAD < 90 mmHg
- PAS < 130 et PAD < 80 mmHg et protéinurie < 0,5g/j si néphropathie et/ou diabète

Traitement :

- **Règles hygiéno-diététiques (RHD) :**
  - Limiter la consommation d'alcool
  - Lutte contre la sédentarité : exercice physique régulier
  - Perte de poids si IMC > 25
  - Régime pauvre en : sel 6g/j, lipides, sucres rapides
  - Régime riche en acides gras poly-insaturés, fruits et légumes

- Traitement médicamenteux (recommandations HAS) :

<table>
<tr><th>Nombre de FDRCV</th><th>HTA grade 1
PA 140-159/90-99mmHg</th><th>HTA grade 2
PA 160-179/100-109mmHg</th><th>HTA grade 3
PA ≥ 180/110mmHg</th></tr>
<tr><td>0</td><td>RHD
6 mois
Puis ttt médicamenteux si objectif non atteint</td><td>RHD
3 mois
Puis ttt médicamenteux si objectif non atteint</td><td rowspan="3">RHD et ttt médicamenteux d'emblée</td></tr>
<tr><td>1 ou 2</td><td colspan="2">RHD 1 à 3 mois
Puis ttt médicamenteux si objectif non atteint</td></tr>
<tr><td>≥ 3
ou diabète
ou
néphropathie
ou
cardiopathie
ou
retentissement</td><td colspan="2">RHD
Ttt médicamenteux d'emblée</td></tr>
</table>

CLASSIFICATION DE KIRKENDALL
RETINOPATHIE HYPERTENSIVE/ARTERIOSCLEROSE RETINIENNE

Stade	Aigu	Chronique
I	Rétrécissement artériolaire diffus	Signe du croisement artério-veineux
II	Stade I + Occlusion artériolaire : • Hémorragies rétiniennes • Nodules cotonneux • Exsudats secs	Stade I + Rétrécissement artériolaire en regard
III	Stade II + Oedème papillaire	Stade II + Engainement vasculaire Occlusion d'une branche de la veine centrale de la rétine

TYPE DE β-BLOQUANTS

- β-bloquants cardio-sélectifs :
  - Bisoprolol (Cardensiel®)
  - Carvédilol (Krédex®)
  - Métoprolol (Selozok®)

- β-bloquants non cardio-sélectifs :
  - Acébutolol (Sectral®)
  - Aténolol (Ténormine®)
  - Propanolol (Avlocardyl®)

5 Artériopathie oblitérante des membres inférieurs ; anévrismes.

MESURE DE L'INDEX DE PRESSION SYSTOLIQUE (IPS)

- IPS > 0,9 : état normal
- IPS : 0,75 - 0,9 : AOMI bien compensée
- IPS : 0,4 - 0,75 : AOMI peu compensée
- IPS < 0,4 : AOMI sévère

CLASSIFICATION DE LERICHE ET FONTAINE

Stade 1	• **Abolition d'un pouls** sans signes fonctionnels
Stade 2	• **Claudication** intermittente sans douleur de repos
Stade 3	• Douleur de **décubitus**
Stade 4	• Présence de troubles **trophiques**

CLASSIFICATION HAS

Ischémie d'effort asymptomatique	• **IPS < 0,9 ou abolition d'un pouls** sans manifestation clinique
Ischémie d'effort symptomatique	• IPS < 0,9 ou abolition d'un pouls avec **manifestation clinique**
Ischémie persistante chronique	• Douleur de **décubitus** ou troubles **trophiques** avec pression systolique < 50 à la cheville et/ou < 30 à l'orteil

REGLE ABCD

GESTES ELEMENTAIRES DE SURVIE LORS D'UN ARRET CARDIO-RESPIRATOIRE

Phase	Durée	Descriptif
A AIRWAYS	**Liberté des voies aériennes**	• Décubitus dorsal sur socle dur • Subluxation du maxillaire inférieur • Retirer tout corps étranger intra-buccal (éventuellement manœuvre de Heimlich)
B BREATHING	**Assistance respiratoire**	• Bouche-à-bouche • Insufflation lente et expiration passive • FR 10à 12/min
C CIRCULATION	**Assistance respiratoire**	• Massage cardiaque externe : 30 compressions pour 2 insufflations avec une fréquence de 100/min (talon de la main dominante su partie supérieure de la moitié inférieure du sternum, l'autre main appuyée sur la première) • Dépression du thorax de 4 à 5cm puis décompression passive (ne pas décoller les mains du thorax) • Temps compression = décompression
D DEFIBRILATION DRUGS	**Choc électrique externe et drogues vaso-actives**	• Intérêt du défibrillateur semi-automatique • 1 seul choc délivré suivi de 2 min de RCP avant chaque nouveau CEE • Le CEE se fait à 200J (si ne fonctionne pas, essayer 300, puis 360J)

7 Douleur thoracique aiguë et chronique.

CLASSIFICATION DE DEBAKEY

Stade	Détails
I	Débute à l'aorte ascendante, jusqu'à la crosse de l'aorte et la portion descendante
II	Débute et se localise uniquement à l'aorte ascendante
III	Débute et se localise à l'aorte descendante

CLASSIFICATION DE STANFORD

- Type A : dissection de l'aorte ascendante
- Type B : dissection n'intéressant pas l'aorte ascendante

8 Etat de choc. (P)

METHODE DE CALCUL DE LA PRESSION ARTERIELLE MOYENNE

Constantes nécessaires :

- DC = débit cardiaque
- DC = fréquence cardiaque
- VES = volume d'éjection systolique
- PAM = pression artérielle moyenne
- RVS = résistances vasculaires systémiques

Formules de calcul :

- **DC = FC x VES**
- **PAM = DC x RVS = (FC x VES) x RVS**

CATHETER DE SWAN-GANZ

Constantes nécessaires :

- **POD :** pression de l'oreillette droite
- **PAPO :** pression artérielle pulmonaire d'occlusion
- **DC :** débit cardiaque
- **EO2 :** coefficient d'extraction de l'oxygène
- **DAV :** différence artério-veineuse en oxygène

Variations des constantes dans les différents chocs :

Type de choc	POD	PAPO	DC	EO2	DAV
Hypovolémique	↓	↓	↓	↑	↑
Cardiogénique	↑	↑	↓	↑	↑
Septique	↓	↓	↑	↓	↓

9 Fibrillation auriculaire.

CLASSIFICATION DES ACFA

Type	Critères
Paroxystique et récurrente	• Accès < 7 jours, le plus souvent < 24 h
Persistante	• > 7 jours
Permanente	• > 1 an ou échec de la cardioversion

SCORE DE CHADS

Critères :

Type	Critères
1 point	• Congestive : FEVG < 35% (1 point) ou antécédent d'OAP (1 point)
1 point	• HTA
1 point	• Age > 75 ans
1 point	• Diabète
2 points	• Stroke : antecedent d'AVC

Score CHADS > 2 si FA non valvulaire

10 Insuffisance cardiaque de l'adulte.

CLASSIFICATION DE L'INTENSITE DE LA DYSPNEE

Stade	Classification NYHA (New-York Heart Association)	Classification M. R. C. (Medical Research Council)
0	-	Dyspnée pour les efforts soutenus (monter 2 étages)
I	Aucune limitation d'effort physique	Dyspnée lors de la marche rapide ou en pente
II	Dyspnée aux efforts les plus intenses de la vie quotidienne (marche rapide)	Dyspnée à la marche sur terrain plat en suivant quelqu'un de son âge ou obligeant à s'arrêter pour reprendre son souffle en marchant sur terrain plat à son propre rythme
III	Dyspnée aux efforts légers	Dyspnée obligeant à s'arrêter pour reprendre son souffle après quelques minutes ou une centaine de mètres sur terrain plat
IV	Dyspnée de repos ou au moindre effort (parole)	Dyspnée au moindre effort de la vie courante (habillage) ou trop essoufflé pour quitter le domicile
Spécialités de prédilection	**Cardiologie**	**Pneumologie**

CLASSIFICATION DES BLOCS SINO AURICULAIRES

Stade	Détails
1	Allongement de la conduction sino-auriculaire **sans anomalie ECG**
2	Blocage complet et intermittent de la conduction sino-auriculaire, **pas d'onde P** de manière **intermittente** à l'ECG
3	Blocage complet et total de la conduction sino-auriculaire, **pas d'onde P à l'ECG**

CLASSIFICATION DES BLOCS AURICULO-VENTRICULAIRES

Stade	Détails
1	Ralentissement de la conduction auriculo-ventriculaire, allongement du PR à l'ECG, bloc nodal et bénin
2	• Mobitz 1 : ralentissement de la conduction auriculo-ventriculaire au niveau du nœud auriculo-ventriculaire, allongement progressif du PR à l'ECG puis blocage de l'onde P et absence de complexe QRS, bloc nodal et bénin • Mobitz 2 : blocage complet et intermittent de la conduction auriculo-ventriculaire, onde P non suivie d'un QRS de façon intermittente, bloc hissien ou infra-hissien grave
3	Blocage complet et total de la conduction auriculo-ventriculaire, dissociation auriculo-ventriculaire complète avec mécanisme d'échappement à l'ECG par atteinte hissienne ou infra-hissienne de mauvais pronostic : • Echappement jonctionnel si QRS fin et Fc < 45/min • Echappement ventriculaire si QRS large et Fc < 30/min

GYNECOLOGIE-OBSTETRIQUE

Chapitre 20

1 Grossesse normale. Besoins nutritionnels d'une femme enceinte.

CALCUL DE DATATION DE GROSSESSE

Méthodes	Détails
Clinique	• A partir du premier jour des dernières règles (DDR) • Terme théorique = DDR + 14 jours + 9 mois
Echographique	• A partir de l'échographie entre 7 et 12 SA • Par mesure de la longueur cranio-caudale (identique pour tous au 1er T.) • Moyen le plus fiable

PRISE DE POIDS PENDANT LA GROSSESSE

Trimestre	Prise de poids
1e	• 500 mg par mois
2e	• 1 kg par mois
3e	• 2 kg par mois
Total	• 9 à 12 kg

SCORE DE MANNING (PROFIL BIOPHYSIQUE FŒTAL)

Paramètres	Critères de normalité	Présent	Absent
Mouvements globaux du corps fœtal	≥ 3 mouvements isolés des membres ou du tronc sur une période de 30 minutes. (Les épisodes de mouvements actifs continus sont considérés comme un seul mouvement)	2	0
Mouvements respiratoires	≥ 1 épisode de mouvement respiratoire d'une durée ≥ 30 secondes sur une période de 30 minutes.	2	0
Tonus fœtal	≥ 1 épisode d'extension active avec retour en flexion d'un membre ou du tronc ou d'ouverture et fermeture d'une main sur une période de 30 minutes.	2	0
Enregistrement du rythme cardiaque fœtal ou non stress test (NST)	≥ 2 épisodes d'accélérations du RCF de • > 15 battements par minute et • > de 15 secondes • sur une période de 30 minutes	2	0
Quantité du liquide amniotique	≥ 1 citerne de liquide amniotique de ≥ 2 cm dans deux plans perpendiculaire	2	0

2 Principales complications de la grossesse.

CLASSIFICATION DE LA PRE-ECLAMPSIE

Trimestre	Prise de poids
HTA gravidique	PAS ≥140mmHg et/ou PAD≥90mmHg survenant après 20SA et disparaissant avant la fin de la 6ème semaine du post partum
Pré éclampsie	Association d'une HTA gravidique à une protéinurie >0,3g/24h
Pré éclampsie sévère	Pré éclampsie et au moins un des critères suivants : • HTA sévère (PAS > 160 mm Hg et/ou PAD > 110 mm Hg) • Atteinte rénale avec : oligurie (< 500 ml/24h) ou créatinine > 135!mol/L, ou protéinurie >5 g/j • OAP ou barre épigastrique persistante ou HELLP syndrome • Éclampsie ou troubles neurologiques rebelles (troubles visuels, ROT polycinétiques, céphalées), • Thrombopénie <100 G.L-1 • Hématome Rétro Placentaire (HRP) ou retentissement fœtal.
Pré éclampsie précoce	• Pré éclampsie survenant avant 32 SA

3 Grossesse extra-utérine

SCORE DE FERNANDEZ

Les paramètres sont les suivants :

- Nombre de jour d'aménorrhée
- Taux β-hCG
- Taux de progestérone
- Intensité des douleurs
- Hématosalpinx
- Hémopéritoine

Le calcul de celui-ci ne pourra être demandé à l'ECN

4 Prématurité et RCIU. Facteurs de risques et prévention.

CLASSIFICATION DU TYPE DE RCIU

Type	Détails
Harmonieux	• 20% des cas • Symétrique • Global, intéressant tous les pôles du fœtus (céphalique, abdominale et fémur) • Précoce (1er et 2ème trimestre) • Plus mauvais pronostic • Causes les plus fréquentes : infectieuses, anomalies chromosomiques
Dysharmonieux	• 80% des cas • Asymétrique • Segmentaire (préserve le pôle céphalique) • Tardif (2ème et 3ème trimestre) • De meilleur pronostic • Cause principale : insuffisance placentaire

CLASSIFICATION DE LA GRAVITE DU RCIU

- Biométries **< 10ème** percentile = **retard de croissance intra utérin**
- Biométries **< 3ème** percentile = **retard de croissance intra utérin sévère**

5 Problèmes posés par les maladies génétiques.

TEST DE LA SUEUR

Positif	• Chlore sudoral > 60 mEq/l sur 2 examens concordants
Négatif	• Chlore sudoral < 60 mEq/l sur un des deux examens

6 Tumeurs du col utérin, du corps utérin.

CLASSIFICATION DE BETHESDA (LESIONS PRE-CANCEREUSES)

Stade	Détails
LIEBG (lésion intra-épithéliale de bas grade) avec jonction pavimento-cylindrique visible	**Surveillance** par frottis cervico-vaginal annuel
LIEBG avec jonction cylindrique non visible	**Conisation** avec examen anatomo-pathologique
LIEHG (lésion intra-épithéliale de haut grade)	**Conisation** avec examen anatomo-pathologique

CLASSIFICATION FIGO

Stade	Détails
FIGO 0	**Tumeur intra-épithéliale** : carcinome in situ
FIGO I	**Tumeur limitée au col** : • IA : micro-invasif < 5 mm • IB : invasif mais limité au col
FIGO II	**Tumeur dépassant le col** : • IIA : sans infiltration des paramètres • IIB : avec infiltration des paramètres et/ ou des 2/3 supérieurs du vagin
FIGO III	**1/3 inférieur du vagin, région pelvienne, hydronéphrose :** • IIIA : extension au 1/3 inférieur du vagin • IIIB : extension à la paroi pelvienne et/ou hydronéphrose
FIGO IV	**Atteinte à distance :** • IVA : extension à la vessie et /ou au rectum et/ou au-delà du pelvis • IVB : métastase à distance

CLASSIFICATION FIGO

Stade	Détails
FIGO I	**Tumeur limitée au corps de l'utérus :** • IA : limité à l'endomètre • IB : invasion < 50 % du myomètre • IC : invasion > 50 % du myomètre
FIGO II	**Atteinte du col :** • IIA : atteinte superficielle épithéliale de l'endocol • IIB : atteinte du stroma cervical
FIGO III	**Extension hors de l'utérus dans le pelvis :** • IIIA : péritoine pelvien/annexes/cytologie péritonéale positive • IIIB : métastase vaginale • IIIC : métastase au niveau des ganglions pelviens et/ou lombo-aortiques
FIGO IV	**Envahissement à distance :** • IVA : envahissement vésical ou digestif • IVB : métastase à distance

7 Tumeurs de l'ovaire.

CLASSIFICATION FIGO

Stade	Détails
FIGO I	Limitée aux **ovaires** : • IA 1 : seul ovaire touché, capsule intacte • IB 2 ; ovaires touchés, capsule intacte • IC : rupture capsulaire, tumeur à la surface ovarienne, cytologie péritonéale positive
FIGO II	Etendue au **pelvis** : • IIA à l'utérus et/ou trompes • IIB autres organes pelviens • IIC avec cytologie péritonéale positive
FIGO III	Métastases **péritonéales** au-delà du pelvis et/ou adénopathies métastatiques régionales : • IIIA méta microscopiques • IIIB méta macro ≤ 2 cm • IIIC méta macro > 2 cm
FIGO IV	**Métastases à distance** autres que péritonéales

COMPARATIF DES CLASSIFICATIONS DU CANCER DE L'OVAIRE

FIGO		TNM		Survie à 5 ans
I	IA	**T1**	T1a	> 80 %
	IB		T1b	
	IC		T1c	
II	IIA	**T2**	T2a	60 %
	IIB		T2b	
	IIC		T2c	
III	IIIA	**T3**	T3a	30 %
	IIIB		T3b	
	IIIC		T3c (+/-) N1	
IV		**M1**		< 5 %

CLASSIFICATION PEV (critères inflammatoires de la tumeur)

Stade	Détails
PEV 0	Pas de signe inflammatoire
PEV 1	Doublement du volume tumoral en moins de 6 mois
PEV 2	Inflammation en regard de la tumeur et touchant 1/3 de la peau
PEV 3	Inflammation étendue à tout le sein : mastite carcinomateuse

CLASSIFICATION TNM

	Tumeur
Tx	Détermination impossible
T0	Pas de tumeur palpable
Tis	Carcinome in situ
T1	<= 2 cm (T1a : <= 0,5 cm ; T1b : 0,5-1 cm ; T1c : 1-2 cm)
T2	2 - 5 cm
T3	> 5 cm
T4	Extension directe à la paroi ou à la peau : • T4a : extension à la paroi thoracique • T4b : envahissement cutané (ulcération cutanée, nodules de perméation, peau d'orange) • T4c : à la fois t4a et t4b • T4d : carcinome inflammatoire
	Adénopathies
N0	Pas de ganglions atteints
N1	Ganglions axillaires homolatéraux suspects mais mobiles
N2	Ganglions axillaires homolatéraux fixés
N3	Ganglions mammaires internes homolatéraux
	Métastases
Mx	Métastases à distance non évaluées
M0	Absence de métastase à distance
M1	Métastases présentes ou ganglions sus-claviculaires

9 Aménorrhée.

CRITERES ETIOLOGIQUES

- Courbe de température :
    - Biphasique : il y a ovulation, cause utérine
    - Monophasique : il n'y a pas d'ovulation, cause ovarienne, hypophysaire ou hypothalamique
- Dosages hormonaux :
    - FSH et LH augmentés : cause ovarienne
    - FSH et LH normaux : cause utérine
    - FSH et LH diminués : cause hypothalamo-hypophysaire

ENDOCRINOLOGIE — Chapitre 21

1 Besoins nutritionnels et apports alimentaires de l'adulte. Evaluation de l'état nutritionnel. Dénutrition.

CALCUL DES DEPENSES ENERGETIQUES

Critères	Caractéristiques
Dépense énergétique totale	La dépense énergétique totale (DET) est l'énergie dépensée par un adulte en une journée. Elle est constituée de 3 composantes : • Dépense Energétique de Repos (60%) (DER) • Activité physique (AP) (variable selon les individus) • Thermogénèse alimentaire (10%) (énergie dépensée à la digestion)
Dépense Energétique de Repos	La DER est évaluée par l'équation de Harris et Benedict : • Femmes : DER = 2.741 + 0.0402 Poids + 0.711 Taille – 0.0197 Age • Hommes: DER = 0.276 + 0.0573 Poids + 2.073 Taille – 0.0285 Age • Remarque : poids en kg, taille en m, âge en année

BESOINS ENERGETIQUES:

Les besoins énergétiques sont évaluer par les « kilocalories » (kcal), ils dépendent de l'âge et du sexe :

- Chez l'homme :
  - 20 - 40 ans : 2700 kcal/j
  - 40 – 60 ans : 2500 kcal/j
- Chez la femme :
  - 20 - 40 ans : 2200 kcal/j
  - 40 – 60 ans : 2000 kcal/j

Les apports dépendent des macronutriments ingérés :

- 1g de glucide apporte 4 kcal
- 1g de protide apporte 4 kcal
- 1g de lipide apporte 9 kcal
- 1g d'alcool apporte 7 kcal

CLASSIFICATION DES DENUTRITIONS

Type	Détails
Dénutrition simple	• Poids : perte de 5% en 1 mois ou 10% en 6 mois • Albumine < 35 g/l • Indice de masse corporelle < 21 • Score de Mini Nutritionnal Assessement (MNA) < 17
Dénutrition sévère	• Poids : perte de 10% en 1 mois ou 15% en 6 mois • Albumine < 30 g/l • Indice de masse corporelle < 18

2 Dyslipidémies

FORMULE DE FRIEDEWALD

- Paramètres : cholestérol total, HDL cholestérol, triglycérides
- Formule de Friedewald : LDL (g/L) = CT (g/L) – HDL (g/L) – TG/5 (g/L)

OBJECTIFS LDL

- 0 FDR : LDL < 2,2 g/L
- 1 FDR : LDL < 1,9 g/L
- 2 FDR : LDL < 1,6 g/l
- > 3 FDR : LDL < 1,3 g/L
- Patient à haut risque cardio-vasculaire : LDL < 1 g/L :
  - Antécédent de maladie cardio-vasculaire avérée
  - Diabète de type 2 à haut risque
  - RCV global élevé (> 20% à 10 ans)

CLASSIFICATION DES HYPERCHOLESTEROLEMIES

	Hyper cholestérolmie pure = type 2a	Hypertriglycéridémie majeure = type 1, 4 et 5	Dyslipidémie mixte = type 2b
Critères diagnostiques	CT/TG>2.5 LDLc augmenté	TG/CT >2.5 VLDL augmenté	Mixte des 2 autres TG/CT ou CT/TG <2.5 LDL et VLDL légèrement augmenté
Clinique	Dépôts lipidiques : xanthome diffus Forme homozygote: athérome diffuse dès 20-30 ans Forme hétérozygote : athérome après 40 ans	Risque de Pancréatite aiguë L'hypertriglycéridémie augmente avec l'alcool, les apports glucidiques le poids.	Mixte des 2 autres
EAL	Serum clair	Serum lactescent	Serum opalescent
Prise en charge thérapeutique	Règles hygiéno-diététiques Si et seulement si échec à 3 mois: statines	Règles hygiéno-diététiques : **régime pauvre en sucre, arrêt de l'alcool, réduction pondérale** Si et seulement si échec à 3 mois : **fibrate**	Mixte des 2 autres

3 Hypertension artérielle de l'adulte.

CLASSIFICATION DES NEOPLASIES ENDOCRINIENNES MULTIPLES

Type	Détails
NEM de type 1	• Adénome hypophysaire • Hyperparathyroïdie primaire • Tumeur pancréatique (insulinome, gastrinome)
NEM de type 2	• Tumeur médullaire de la thyroïde • Phéochromocytome – 2a : hyperparathyroïdie – 2b : neurofibromatose, syndrome dysmorphique marfanoïde

4 Adénome hypophysaire.

CLASSIFICATION DES ADENOMES HYPOPHYSAIRES

- Microadénome si sa taille est <10mm
- Macroadénome si sa taille est >10mm

CRITERES D'UNE HYPERPROLACTINEMIE

- Prolactinémie à 2 reprises (15min d'intervalle= stress de la piqure)
- >15-25ng/l ou 300-500 UI/ml

5 Diabète sucré de types 1 et 2 de l'enfant et de l'adulte.

GLYCEMIE - HbA1c

Type	Détails
Glycémie	Le diabète sucré se définit par : • Glycémie veineuse > 1.26 g/L (7 mmol/L) à jeun à 2 reprises Ou • Glycémie veineuse > 2 g/L à n'importe quel moment de la journée à 2 reprises ou associée à un syndrome cardinal Ou • Glycémie ≥ 2g/L à H2 de la prise de 75g de glucose (ancienne définition OMS, test rarement réalisé)
HbA1c	• L'HbA1c reflète la glycémie moyenne des deux derniers mois. • L'objectif étant fixé à <7,5% chez le DI, <6,5% chez le DII

6 Diabète sucré de types 1 et 2 de l'enfant et de l'adulte.

STADES DE LA RETINOPATHIE DIABETIQUE

Stades	Clinique
Pas de rétinopathie diabétique	FO normal
Rétinopathie diabétique non proliférante	Minime, modérée ou sévère Devient **sévère ou pré-proliférante** quand elle répond aux trois critères suivants (4, 2, 1) : • Hémorragies rétiniennes en taches dans les 4 quadrants • Anomalies veineuses en chapelets dans au moins 2 quadrants • AMIR (anomalies micro-vasculaires intra-rétiniennes) dans au moins 1 quadrant

Rétinopathie diabétique proliférante non compliquée	Néo-vaisseaux non compliqués pré-rétiniens et/ou pré-papillaires
Rétinopathie diabétique proliférante compliquée	• Hémorragie intra-vitréenne • Décollement de rétine tractionnel • Glaucome néo-vasculaire secondaire à l'envahissement de l'angle irido-cornéen par les néo-vaisseaux

CLASSIFICATION DE MÖGENSEN (NEPHROPATHIE DIABETIQUE)

Stade	Délai	Atteinte	Symptômes	Histologie
1	-	Hyper filtration glomérulaire	Hypertrophie rénale Elévation du DFG	Hypertrophie glomérulaire
2	2-5 ans	Lésions histologiques débutantes	Asymptomatique	
3	5-10 ans	Néphropathie incipiens	Microalbuminurie	Expansion mésangiale
4	10-20ans	Néphropathie avérée	Protéinurie HTA Insuffisance rénale Syndrome néphrotique	Nodules de Kimmelstiel Wilson Lésions artériolaires
5	> 20 ans	Insuffisance rénale chronique terminale	IRCT Protéinurie Syndrome néphrotique	Fibrose interstitielle et destruction des glomérules (pains à cacheter)

ACIDOCETOSE – CALCUL DES TROUBLES HYDRO-ELECTROLYTIQUES

- La céto-acidose présente une hyperkaliémie du fait de l'acidose métabolique, cependant le stock en K+ est nettement diminué et à supplémenter en l'absence de contre-indication
- Na+corrigée :
  - Na+corrigée = Na+mesurée + 1.6 (Glycémie-1) en g/L
  - Na+ corrigée = Na+ mesurée + 0.3 (Glycémie-5) en mmol/L
- Trou anionique :
  - TA = (Na+ + K+) – (Cl- + HCO3-) : augmenté si >16

7 Obésité de l'enfant et de l'adulte.

INDICE DE MASSE CORPORELLE

Calcul :

- IMC = poids / (taille)^2

Résultats :

- Enfant : surpoids si IMC est supérieur au 97ème percentile
- Adulte :
  - IMC < 19 : dénutrition
  - IMC entre 20-25 : normal
  - IMC entre 25-30 : surpoids
  - IMC entre 30-35 : obésité grade 1
  - IMC entre 35-40 : obésité grade 2
  - IMC > 40 : obésité grade 3 ou obésité morbide
  - Obésité si IMC extrapolé à l'adulte est supérieur à 30 kg/m2

8 Hypercalcémie (avec le traitement).

CALCUL DE LA CALCEMIE

Mode de calcul	• **Calcémie corrigée = calcémie mesurée + (40 - albumine)/40**
Normale	• Valeurs normales : 2,2 à 2,6 mmol/L

NEUROLOGIE — Chapitre 22

1 Troubles du sommeil de l'enfant et de l'adulte.

CLASSIFICATION DU SYNDROME D'APNEES HYPOPNEES OBSTRUCTIVES DU SOMMEIL

Apnée	• Arrêt du débit aérien naso-buccal d'une durée > 10 s
Hypopnée	• Evènement d'une durée > 10 s + 1 des 2 propositions suivantes : – Diminution > 50% du débit aérien naso-buccal – Diminution < 50% ou aspect de plateau inspiratoire associé à une désaturation transcutanée > 3% et/ou à un micro-éveil

DEFINITION DU SYNDROME D'APNEES HYPOPNEES OBSTRUCTIVES DU SOMMEIL

Définition = critères A ou B + critère C

Type	Caractéristiques
A	Somnolence diurne (endormissement excessif, symptôme majeur)
B	Au moins 2 critères cliniques parmi : • Ronflement sévère et quotidien (ronchopathie) • Sensations d'étouffement ou de suffocation pendant le sommeil • Eveils répétés pendant le sommeil (fragmentation du sommeil) • Sommeil non réparateur • Fatigue/somnolence diurne • Difficultés de concentration • Nycturie (plus d'une miction par nuit) • Autre : céphalées matinales, apnées nocturnes avec reprise ventilatoire
C	Critère polysomnographique : • Apnées + Hypopnées ≥ 5/heure de sommeil (IAH : Index apnées hypopnées ≥ 5)

CLASSIFICATION DES METHODES D'EVALUATION

Type	Descriptifs
Evaluation cognitive globale (tests psychométriques)	• De manière standardisée à l'aide du MMSE (Mini Mental Status Examination) • Test du cadran de l'horloge • Test des 5 mots de Dubois
Evaluation fonctionnelle	Apprécier le retentissement des troubles cognitifs sur les activités de la vie quotidienne : • Echelle ADL (Activities of Daily Living) pour les activités basiques de la vie quotidienne • Echelle IADL (Instrumental Activities of Daily Living) • Echelle simplifiée comportant les 4 items les plus sensibles : utilisation du téléphone, utilisation des transports, prise de médicaments, gestion des finances)
Evaluation thymique et comportementale	Rechercher une dépression qui peut se présenter sous l'aspect d'un syndrome démentiel, mas surtout peut accompagner ou inaugurer un syndrome démentiel : • Echelle GDS (Geriatric Depression Scale) • Rechercher des troubles affectifs, comportementaux ou d'expression psychiatrique (troubles du sommeil, apathie, dépression, anxiété, hyper émotivité, irritabilité, agressivité, hallucinations, idées délirantes…) : • Echelle NPI (NeurPsychiatric Inventory) • EDF (Echelle de Dysfonctionnement Frontal)

CLASSIFICATION DE LA MALADIE D'ALZEIHMER

Stade	MMSE	Critères
Léger	> 20	• Inhibiteur de l'acétylcholinestérase (Aricept, Exelon) • Débuter le traitement par un spécialiste (gériatre, psychiatre ou neurologue) • Augmentation progressive des doses : débuter le traitement à la dose minimale, puis augmentation progressive de la posologie jusqu'à la dose maximale préconisée et tolérée • Effets secondaires anticholinergiques : ECG avant la prescription chez les patients ayant des antécédents cardiaques
Modéré	> 10 < 20	• Inhibiteur de la cholinestérase ou antiglutamate
Sévère	< 20	• Antiglutamate

3 Méningites infectieuses et méningo-encéphalites chez l'enfant et l'adulte

INTERPRETATION DE L'ANALYSE DU LCR

	Normal	Méningite purulente	Méningite lymphocytaire	Formule panachée
Macroscopie	Eau de roche	Purulent	Clair	Clair
Glycorachie/ glycémie	> 60%	Effondrée < 40%	Normale (viral) ou Diminuée (BK, *Listeria*)	Diminuée < 40%
Protéinorachie	< 0,4 g/L	Augmentée > 0,4 g/L	Augmentée > 0,4 g/L	Augmentée > 0,4 g/L
Cytologie	< 5 éléments	> 20 > 50% de PNN	> 20 > 50% de Lc	> 20 50% PNN/ 50% Lc

STADIFICATION DU POLYRADICULONEVRITE AIGUE INFLAMMATOIRE

Phase	Détails
Phase d'extension	• Durée < 4 semaines • Début aux **membres inférieurs** • Prédominance des **signes sensitifs** symétriques : paresthésies, douleurs neuropathiques, ataxie proprioceptive • **Abolition des réflexes ostéo-tendineux** aux membres inférieurs • Puis apparition d'un **déficit moteur** symétrique • **Evolution ascendante** progressive
Phase de plateau	• Durée variable (facteur pronostique) • Arrêt de l'extension des déficits • Déficit moteur flasque diffus des 4 membres et du tronc • **Atteinte bulbaire possible :** nerfs crâniens (diplégie faciale, troubles de déglutition), atteinte respiratoire • Troubles sensitifs profonds diffus, douleurs neuropathiques • **Syndrome dysautonomique :** – Instabilité tensionnelle – Bradycardie/tachycardie – Hypersécrétion bronchique
Phase de récupération	• Durée : plusieurs semaines • Progressive dans l'ordre inverse d'installation

5 Sclérose en plaques.

MODES EVOLUTIFS

Mode évolutif	Détails
Rémittente	• Evolution par poussées alternant avec des phases de rémission • 85% des cas au début
Progressive primaire	• Aggravation progressive du handicap d'emblée, sans rémission • 15% des cas au début
Progressive secondaire	• Aggravation progressive du handicap après une évolution rémittente initiale

CLASSIFICATION DES SEQUENCES IRM

Séquences	Détails
T1	Séquence anatomique : • Substance grise : isosignal (grise) • Substance blanche : hypersignal (blanche) • Eau (LCR, œdème) : hyposignal
T2	Séquence anti-anatomique : • Substance grise : hypersignal (blanche) • Substance blanche isosignal (grise) • Eau (LCR, œdème) : hypersignal
T2 FLAIR	Suppression du signal du LCR : • Substance grise : hypersignal (blanche) • Substance blanche isosignal (grise) • Eau (LCR, œdème) : hyposignal

CLASSIFICATION DES APHASIES

Type	Détails
Aphasie de Broca	Aphasie motrice : • Atteinte quantitative du langage : fluence diminuée • Atteinte qualitative : manque du mot, périphrase, paraphasies phonétiques ou phonémiques
Aphasie de Wernicke	Aphasie sensitive : • Troubles de compréhension • Quantitatif : fluence préservée • Qualitatif : paraphasies, jargonaphasies

CLASSIFICATION DES SYNDROMES ALTERNES - AVC

Syndrome alterne	Localisation	Description
Sd de Weber	Mésencéphale	Paralysie du III homolatérale + hémiplégie controlatérale
Sd de Foville	Protubérance	Paralysie du VI homolatérale + hémiplégie controlatérale
Sd de Millard-Gubler	Protubérance	Paralysie du VII homolatérale + hémiplégie controlatérale
Sd de Wallenberg	Bulbe	Hémianesthésie faciale thermo-algique homolatérale par atteinte du V + Hémianesthésie thermo-algique controlatérale + Hémisyndrome cérébelleux homolatéral Atteinte des nerfs mixtes homolatéraux (IX, X, XI) Syndrome vestibulaire homolatéral (VIII) Syndrome de Claude Bernard-Horner homolatéral

7 Céphalée aiguë et chronique.

CRITERES DIAGNOSTIQUES DE L'IHS DE LA MIGRAINE SANS AURA

Critères	Détails
A	Au moins 5 crises répondant aux critères B à D
B	Durée des céphalées entre 4 et 72 h (en l'absence de traitement)
C	Céphalées ayant au moins 2 des caractéristiques suivantes : • Unilatérales • Pulsatiles • Modérées à sévères • Aggravées par les activités physiques quotidiennes (ex. : monter/descendre des escaliers)
D	Pendant les céphalées, au moins 1 des critères suivants : • Nausées ou vomissements • Photophobie et phonophobie
E	Examen clinique normal entre les crises. En cas de doute, une pathologie organique doit être éliminée par des examens complémentaires (imagerie cérébrale)

CLASSIFICATION DE MASTERS

3 groupes de gravité croissante de Masters

Groupe	Risque	Détails
1	**Faible**	• Patient asymptomatique • Céphalées modérées • Sensation d'ébriété • Plaie du cuir chevelu • Absence de signes du groupe 2 ou 3
2	**Modéré**	• Perte de connaissance initiale • Crise convulsive initiale • Céphalées progressivement croissantes • Vomissements • Amnésie • Intoxication associée : alcool, cannabis, opiacés... • Anamnèse douteuse • Polytraumatisme • Lésions faciales sévères • Fracture de la base du crâne • Age < 2 ans • Suspicion de maltraitance
3	**Elevé**	• Altération du niveau de conscience (Glasgow ≤ 13) • Dégradation secondaire du niveau de conscience • Signes neurologiques focaux • Plaie pénétrante • Embarrure probable

9 Malaise, perte de connaissance, crise comitiale chez l'adulte.

PHASES D'UNE CRISE D'EPILEPSIE

Phase	Durée	Clinique
Tonique	30sec	• Contractions intenses des muscles du tronc et des membres, • Cyanose • Apnée
Clonique	1 à 2min	• Secousses musculaires brusques généralisées et synchrones
Résolutive	Inférieure à 30 min	• Hypotonie postcritique et coma généralisé

- Début : brutal par un cri et une chute associée à une perte de connaissance
- Fin : période de confusion post-critique plus ou moins longue

10 Coma non traumatique.

SCORE DE GLASGOW

Points	Yeux (4)	Verbe (5)	Moteur (6)
1	Ouverture **spontanée**	Communication **normale**	A la **demande**
2	Ouverture à la **demande**	**Confus** (phrase)	**Adaptée** (vers la source douloureuse)
3	Ouverture à la **stimulation douloureuse**	**Inappropriée** (mot)	Mouvement de **retrait**
4	Pas d'ouverture	**Incompréhensible** (son)	Mouvement en **flexion** (triple flexion du MS)
5		Pas de communication	**Décérébration** (extension réflexe)
6			Aucun geste

Un sore < 9 signe un coma
Plus le score est bas, plus le pronostic est grave

SCORE DE LIEGE

Les réflexes du tronc cérébral pour le calcul du score de Liège :

- Fronto-orbiculaire 5
- Oculo-céphalique vertical 4
- Photomoteur 3
- Oculo-céphalique horizontal 2
- Oculocardiaque 1
- Aucun 0

La présence du réflexe est pondérée de un point
Score compris entre 3 et 20 points

11 Compression médullaire non traumatique. Syndrome de la queue de cheval.

CLASSIFICATION ANATOMIQUE

Racine	Territoire sensitif	Action motrice	Réflexe
C1-C4	Cervical	Diaphragme	-
C5	Moignon de l'épaule	Abduction de l'épaule	Bicipital
C6	Bord externe de l'avant-bras jusqu'au pouce	Flexion du coude Supination	Stylo-radial
C7	Face postérieure de l'avant-bras jusqu'au majeur	Extension du coude, poignet, doigts Pronation	Tricipital
C8 – T1	Bord interne de l'avant-bras jusqu'au 5ème doigt	Flexion des doigts Muscles intrinsèques de la main	Cubito-pronateur
T4	Mamelon	-	Abolition des réflexes cutanés abdominaux
T6	Xiphoïde	-	
T8	Dernière côte	-	
T10	Ombilic	-	
L1	Pli inguinal	Flexion de la hanche	-
L2	Racine de la cuisse		
L3	Face antérieure de cuisse jusqu'à la pointe de la rotule	Extension du genou	Rotulien

L4	Face externe de la fesse Face antérieure de la cuisse Face antéro-interne de la jambe		
L5	Face externe de la fesse Face externe de la cuisse Face antéro-externe de la jambe Face antérieure de la cheville Hallux	Flexion dorsale de la cheville Eversion du pied	-
S1	Face postérieure de la fesse Face postérieure de la cuisse Face postérieure de la jambe Plante de pied, 5ème orteil	Flexion plantaire de la cheville	Achilléen
S2-S4	Région périnéale	Tonus sphinctériens	Bulbo-caverneux, clitorido-anal

12 Epilepsie de l'enfant et de l'adulte.

CLASSIFICATION DES CRISES CONVULSIVES

Type de crise	**Crise convulsive hyperthermique simple**	**Crise convulsive hyperthermique complexe**
Age	1-5 ans	< 1 an
Caractéristiques de la crise	Crise convulsive généralisée tonico-clonique	Crise partielle
Durée	< 15 min	> 15 min
Phase post-critique	Absence de signes de focalisation	Déficit moteur
Pronostic	Bon Récidive Augmentation faible du risque d'épilepsie ultérieure	Augmentation forte du risque d'épilepsie ultérieure

13 Hémorragie méningée

SCORE WFNS (WORLD FEDERATION OF NEUROLOGICAL SURGEONS)

Grade	Score de Glasgow	Déficit moteur
I	15	Absent
II	13-14	Absent
III	13-14	Présent
IV	7-12	Présent ou absent
V	3-6	Présent ou absent

14 Migraine et algies de la face.

CRITERES DIAGNOSTIQUES DE L'IHS DE LA MIGRAINE SANS AURA

Critères	Détails
A	Au moins 5 crises répondant aux critères B à D
B	Durée des céphalées entre 4 et 72 h (en l'absence de traitement)
C	Céphalées ayant au moins 2 des caractéristiques suivantes : • Unilatérales • Pulsatiles • Modérées à sévères • Aggravées par les activités physiques quotidiennes (ex. : monter/descendre des escaliers)
D	Pendant les céphalées, au moins 1 des critères suivants : • Nausées ou vomissements • Photophobie et phonophobie
E	Examen clinique normal entre les crises. En cas de doute, une pathologie organique doit être éliminée par des examens complémentaires (imagerie cérébrale)

15 Myasthénie.

CLASSIFICATION D'OSSERMAN

Critères	Détails
I	Atteinte oculaire
II	Atteinte généralisée • IIa : sans atteinte pharyngo-laryngée • IIb : avec atteinte pharyngo laryngée
III	Crise aiguë myasthénique
IV	Atteinte généralisée chronique évoluée

16 Déficit moteur et/ou sensitif des membres.

COTATION D'UN DEFICIT NEUROLOGIQUE

Cotation	Descriptif
0	• Aucune contraction
1	• Contraction faible insuffisante pour entraîner un déplacement (isométrique)
2	• Mouvement possible sans l'action de la pesanteur
3	• Mouvement possible contre pesanteur mais pas contre résistance
4	• Mouvement possible contre pesanteur et résistance
5	• Force normale

17 Mouvements anormaux.

CLASSIFICATION DES TREMBLEMENTS

	Tremblement de repos	Tremblement d'attitude	Tremblement d'action et d'intention
Circonstance de survenue	Au repos Disparaît lors du mouvement	Au maintien de l'attitude	Lors du mouvement
Fréquence	Basse (5 Hz)	Elevée (10 Hz)	Très basse (3 Hz)
Amplitude	Variable	Faible initialement Augmente avec l'âge	Importante
Topographie	Membre supérieur, membre inférieur, lèvre, langue Jamais la tête	Membres supérieurs Parfois la tête, les cordes vocales	Racine des membres Tronc

18 Paralysie faciale périphérique.

CLASSIFICATION DES PARALYSIE FACIALE

	Déficit central	Paralysie périphérique
Territoire	Facial inférieur	Facial inférieur + supérieur
Dissociation automatico-volontaire	Présente : déficit moins important lors des mouvements automatiques	Absente
Réflexes	Préservés ou exacerbés	Abolis
Type d'atteinte	Absence d'agueusie Absence d'atteinte végétative	Agueusie Atteinte végétative
Signes associés	Signes neurologiques : Hémiparésie Syndrome cérébelleux	Otologiques Anomalies parotidiennes

15 Myasthénie.

CLASSIFICATION D'OSSERMAN

Critères	Détails
I	Atteinte oculaire
II	Atteinte généralisée • IIa : sans atteinte pharyngo-laryngée • IIb : avec atteinte pharyngo laryngée
III	Crise aiguë myasthénique
IV	Atteinte généralisée chronique évoluée

16 Déficit moteur et/ou sensitif des membres.

COTATION D'UN DEFICIT NEUROLOGIQUE

Cotation	Descriptif
0	• Aucune contraction
1	• Contraction faible insuffisante pour entraîner un déplacement (isométrique)
2	• Mouvement possible sans l'action de la pesanteur
3	• Mouvement possible contre pesanteur mais pas contre résistance
4	• Mouvement possible contre pesanteur et résistance
5	• Force normale

17 Mouvements anormaux.

CLASSIFICATION DES TREMBLEMENTS

	Tremblement de repos	Tremblement d'attitude	Tremblement d'action et d'intention
Circonstance de survenue	Au repos Disparaît lors du mouvement	Au maintien de l'attitude	Lors du mouvement
Fréquence	Basse (5 Hz)	Elevée (10 Hz)	Très basse (3 Hz)
Amplitude	Variable	Faible initialement Augmente avec l'âge	Importante
Topographie	Membre supérieur, membre inférieur, lèvre, langue Jamais la tête	Membres supérieurs Parfois la tête, les cordes vocales	Racine des membres Tronc

18 Paralysie faciale périphérique.

CLASSIFICATION DES PARALYSIE FACIALE

	Déficit central	Paralysie périphérique
Territoire	Facial inférieur	Facial inférieur + supérieur
Dissociation automatico-volontaire	Présente : déficit moins important lors des mouvements automatiques	Absente
Réflexes	Préservés ou exacerbés	Abolis
Type d'atteinte	Absence d'agueusie Absence d'atteinte végétative	Agueusie Atteinte végétative
Signes associés	Signes neurologiques : Hémiparésie Syndrome cérébelleux	Otologiques Anomalies parotidiennes